[日] 和田秀树 著

莫生气

管理情绪的 24 种方法

ついイラッときても感情的
に反応しない方法を1冊にまとめてみた

中国科学技术出版社
·北 京·

Original Japanese title: TSUI IRATTOKITEMO KANJOUTEKI NI HANNOUSHINAI
HOUHOU WO ISSATSU NI MATOMETEMITA
Copyright © Hideki Wada 2022
Original Japanese edition published by Ascom, Inc.
Simplified Chinese translation rights arranged with Ascom, Inc.
through The English Agency (Japan) Ltd. and Shanghai To-Asia Culture Co., Ltd.

北京市版权局著作权合同登记 图字：01-2024-4003

图书在版编目（CIP）数据

莫生气：管理情绪的 24 种方法 /（日）和田秀树著；
白鹿译 . -- 北京：中国科学技术出版社，2024. 10.
ISBN 978-7-5236-1002-2

Ⅰ . B842.6-49
中国国家版本馆 CIP 数据核字第 2024ND2887 号

策划编辑	赵　嵘　王绍华	执行策划	王绍华
责任编辑	赵　嵘	执行编辑	王绍华
封面设计	创研设	版式设计	蚂蚁设计
责任校对	张晓莉	责任印制	李晓霖

出　　版	中国科学技术出版社
发　　行	中国科学技术出版社有限公司
地　　址	北京市海淀区中关村南大街 16 号
邮　　编	100081
发行电话	010-62173865
传　　真	010-62173081
网　　址	http://www.cspbooks.com.cn

开　　本	787mm×1092mm 1/32
字　　数	72 千字
印　　张	5.75
版　　次	2024 年 10 月第 1 版
印　　次	2024 年 10 月第 1 次印刷
印　　刷	大厂回族自治县彩虹印刷有限公司
书　　号	ISBN 978-7-5236-1002-2/B・189
定　　价	55.00 元

（凡购买本社图书，如有缺页、倒页、脱页者，本社销售中心负责调换）

前言

一 情绪究竟为何物

情绪看不见摸不着,但它确实存在于你的体内。

对于个人而言,它既是一种极其重要的存在,又是一种给人带来烦恼的东西,会把人折腾得团团转。

"开什么玩笑!"

"到底要我说多少遍你才懂!"

"你也太任性了吧!"

"这么过分的话,你怎么说得出口!"

怀着这样的心情,人们有时候一整天都处在烦躁郁闷之中。

这样的体验，你应该也有过吧？

这种情况，我经常出现。

"要是他态度没那么糟糕，我也不至于那么生气！"

我们会不由自主地责备对方，但遗憾的是，不论你说多少次，对方基本上都不会做出什么改变。如果你一定想要改变对方，那你必定要为此付出巨大的时间和精力。

对于这样的情况，过去有一种应对方式十分流行，那就是告诉自己"与笨蛋、蠢货保持距离，离他们远一点才是聪明的办法"。这种做法确实有一定的道理，但还有不少人面临的情况是，那些惹他们生气的人就在身边，比如同一个公司的同事或同一个屋檐下的亲人，在这样的环境下，想避开是很难的。

"我现在就正好处在你说的这种状况中，但我不知道到底该怎么办才好……"

本书就是为这样的人量身定做的。

感情用事吃亏的是你自己。

烦躁郁闷不仅会夺走你的宝贵时间，还会将这种情绪扩散到你的周围。明明是他人的错，吃亏的却是自己，这确实不合理。所以，请你赶快掌握本书介绍的各种应对方法吧！

本书尽可能地网罗了各种简单高效的应对方法。

例如，烦躁不安时吃个冰激凌，这就是其中一种简单的应对方法。也许你会怀疑，这么简单的方法真的会有效果吗？

请放心！本书介绍的应对方法，均基于科学的理论基础。

例如，冰激凌会缓解烦躁情绪的关键在于它的甜分和冰感。当人们因感情用事而失去理智时，首先要解决的问题是让头脑冷静下来。摄入食物后，人就会从副交感神经"开关"启动的"战斗"模式切换到平静放松的"日常"模式。特别是当人们摄入甜食时，血糖会随之上升，也更容易产生满足感。

此外，当大脑受到冰感刺激时，会有猛然清醒的感觉。也就是说，以"冰爽"为契机，可以产生情绪切换的效果。

据说，意大利人感到生气时是真的会去吃意式冰激凌的。

接下来为大家介绍的，就是基于精神病学推导出的 24 种应对方法。这些都是既易于实践，又具有医学理论依据的方法。

在当前社会背景下，掌握管理情绪的方法显得尤为重要。在经济产生波动或者国内外社会不可控因素增加的环境中，人们似乎也变得更为情绪化。并且，这种情绪化倾向不局限于家庭、工作等身边的人际关系，还体现在互联网上。

最近，网络上"起火"[①]的现象增多，这和当前的社会背景也有着密切的关系。

随着老龄化问题的加剧，"愤怒的老年人"也成为人们议论的话题之一。

尽管我在日常生活中也常常会感到生气，但我并不会让自己的怒气爆发。

因为我已经掌握了控制愤怒、冷静表达愤怒的方法。

实际上，只需稍稍改变一下视角，就能平息愤怒。

---

① 日语原词为「炎上」。意为火焰上升蔓延，在网络上通常指某个事件或话题在短时间内引发大规模讨论的现象，且多为激烈的负面争论。

即使是狂风暴雨般的愤怒，也可以在短短几秒内化解。

衷心希望你去尝试一下本书介绍的方法，"3秒平息愤怒""3秒消除愤怒""3秒将愤怒转化为正能量"，希望你能在这些方法的帮助下，发现一个全新的、不易发怒的自己。

和田秀树

目录

引言　为什么你会发怒　/001

01 第1章 ——————————— 021
稍稍感觉生气时的应对方法

方法1　一要生气就做3秒深呼吸　/023

方法2　用意式冰激凌为愤怒降温　/029

方法3　与吵嚷的人迅速分开，保持5米距离　/035

方法4　用搞笑的讲话风格进行现场直播　/041

方法5　即使不完美，也把"算了吧"当作口头禅　/048

方法6　用"佯装精力充沛"代替愤怒　/053

莫生气
管理情绪的 24 种方法

02 第 2 章 ——————— 061
面对胡搅蛮缠之人愤怒时的应对方法

方法 7　忍不住生气时,就"只怒 3 秒" / 063

方法 8　总做打杂的活其实更吃香 / 069

方法 9　特效药"血清素"的分泌方法 / 075

方法 10　将愤怒情绪转化为提高技能的能量 / 080

03 第 3 章 ——————— 085
对"扶不起的阿斗"恼火时的应对方法

方法 11　在心中"吐槽"又臭又长的唠叨 / 086

方法 12　明确"社交宜轻松"的认知 / 092

方法 13　与具有攻击性人格的人"商量",而非"反驳" / 097

方法 14　对低情商的人感到恼火时就想想"令人身心愉悦的蓝天" / 103

方法 15　让等待的时间成为"自己的时间",就不会感到烦躁 / 109

目录

04 第 4 章 ——————— 115
因感到不合理而愤怒时的应对方法

方法 16　挺直胸背能抑制愤怒　/ 117

方法 17　对于不讲道理乱发脾气的上司，

想"此人永无出头之日"就行　/ 123

方法 18　对他人的失败感到恼火时就这样想　/ 128

方法 19　理解不了的事情就让它"过去"吧　/ 134

方法 20　"一杯茶"对固执的愤怒者效果显著　/ 140

05 第 5 章 ——————— 147
对亲近的人感到愤怒时的应对方法

方法 21　说善意的谎言也没关系，

反正先说句"谢谢"　/ 149

方法 22　触动人心的最强武器是"笑脸"　/ 154

方法 23　对于难伺候的对手，"拉"比"推"

更有效　/ 161

方法 24　永远不要对亲近的人使用"绝对"一词　/ 167

引言

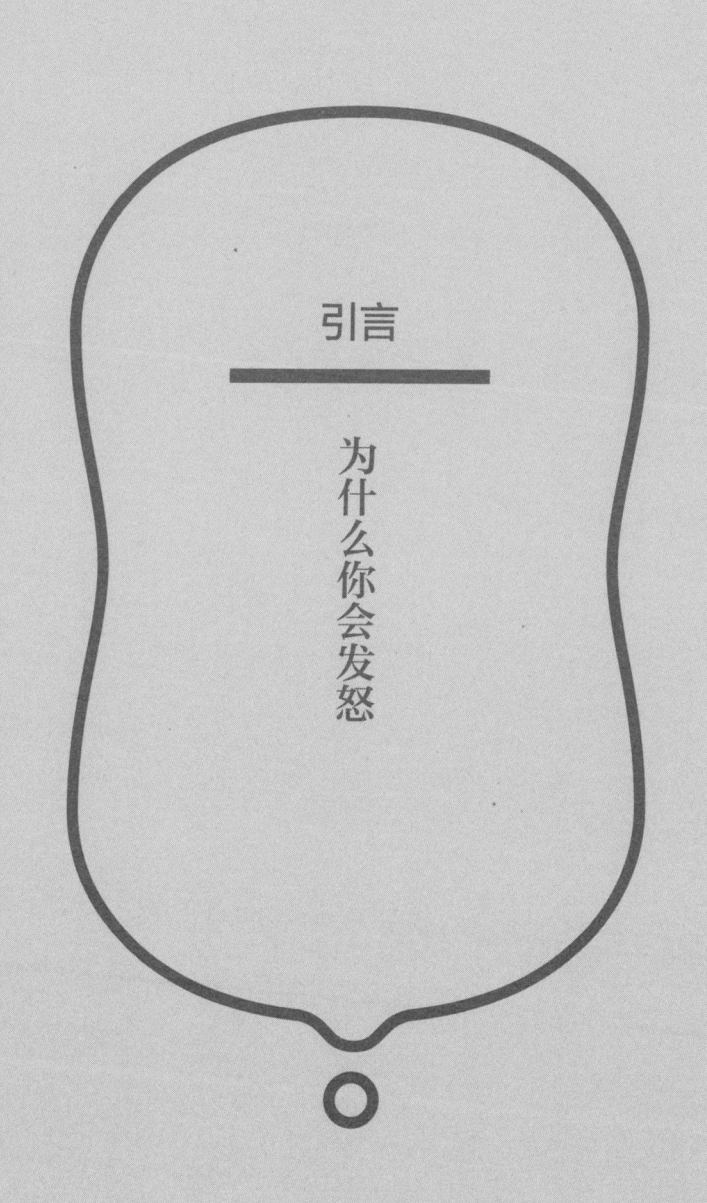

为什么你会发怒

引言
为什么你会发怒

━ 发怒没有任何益处

烦躁不安、火冒三丈……如果你每天都在为无法控制这些愤怒的情绪而懊恼不已,那么有个好消息分享给你:我有办法让你在短短的3秒内消除愤怒。

当然,这并不是让你学习使用什么魔法,你需要做的,就是去尝试我作为一名精神病学专家多年研究的应对方法。它对于所有人来说都非常简单,并且效果立竿见影。我将在本书中详细地介绍这些方法。

实际上,你也明白发怒基本上得不到任何好处,对吧?发怒不但会扰乱心智,让自己闷闷不乐,还会让周围的人感到匪夷所思,"究竟是什么事儿要发那么大的火?""总是一副怒气冲冲的样子,真是令人厌烦"，发怒基本上只会给自己带来负面评价。

此外，发怒会成为人际关系恶化的导火索。

首先，直接宣泄愤怒情绪本质上是在宣泄负能量，这会让周围的人也逐渐陷入闷闷不乐的情绪中。

愤怒会向周围传导，使周围的人也受到"污染"。

愤怒的宣泄会在一瞬间改变现场的氛围，并接二连三地启动在场者的愤怒开关。

愤怒的力量就是如此强大。

然后，愤怒难以控制。大家也常常为不知道如何控制自己的愤怒情绪而懊恼不已吧？

有时，一旦怒气涌上心头，不论你想用多结实的盖子，用多大的力气去压住它都无济于事，它甚至会把整个盖子都弹飞。

最后，愤怒并不会在爆发完毕后走向终结，它会久久萦绕在你的心头，愤怒的情感记忆甚至会在二三十年后也挥之不去。有时，这些愤怒不仅不会消失，还会在你每次回忆起往事时，重新点燃当时的怒火。愤怒真是一个令人十分困扰的问题！

一 愤怒中的人显得十分幼稚

为了学习精神医学，我曾赴美留学，从那时起，我就将"愤怒"作为自己研究的一大主题。

19世纪的精神分析学家弗洛伊德是精神分析心理学和临床心理学基础的奠基人。自弗洛伊德时代起，"愤怒"就是精神分析心理学非常重视的一种情绪。

我曾经就属于十分易怒的性格。

后来，我开始意识到，任由怒气爆发，带着怒气说话，既可能招来误解，又可能遭到对方愤怒的顶撞，结果只会使他人对自己产生敬而远之的距离感，或者令自己背地里招人谩骂，总之并不会带来什么好的结果。

并且，我也开始更加冷静地意识到，气得额头上青筋暴起的模样并不好看。

对我个人来说，因为上述这些亲身经历，如何更好地与愤怒打交道也成了我面临的一个实际问题，这也是我之所以投入大量精力对愤怒展开研究的原因。

人们都说，人上了年纪性格就会慢慢变得圆滑，你觉得这是真的吗？一般来说，人们控制情绪的能力，确实会随着年龄的增长而变得越来越强。然而，当年龄增长超过特定阶段后，控制情绪的能力反而会不断弱化，当然这其中也存在着一些个体差异。

实际上，我也从事着老年人心理护理的工作，遇到过很多丝毫没有分寸感的老人。普遍的反馈是，没有一个人会认为发怒的老人看上去很酷。

人们都说，人上了年纪就会变得很孩子气，无法抑制怒气便是其表现之一。就像婴儿一样，一生气马上就会出手。我从那些动不动就发怒的老人身上，明白了直接宣泄自己的愤怒情绪是一种多么幼稚的行为。

引言
为什么你会发怒

这种情况不仅会出现在老年人身上，最近，幼稚的成年人也越来越多，愤怒带来的麻烦层出不穷。我晚上乘电车回家时，总能在站台或车厢内遇到争吵的情况。各个年龄段的人都在生气，我感觉整个社会都在变得幼稚化。

■"怒形于色"易吃亏

再次强调，发怒基本上不会带来任何好处。所以，不生气才是最好的解决办法。但是，和喜悦或悲伤比起来，愤怒是一种爆发频率更高的情绪，生活中随时随地都潜藏着让你火冒三丈的事情。

"面对这样的愤怒，我该怎么办？"这就是本书的主题。

首先需要说明的一点是，我并不认为愤怒是一件坏事，或者我们应该完全消除愤怒，这些都不是我想在这里谈论的话题。愤怒是每个人与生俱来的情绪，这是本书谈论愤怒这一话题的前提。

我希望大家首先去尝试的，是"停止直截了当地表达愤怒"。换句话说，也就是"停止幼稚的行为"。

幼稚的行为会把你卷入麻烦之中，并破坏你的人际关系。然而，这又是一种无法避免又一触即发的情绪，所以你得掌握窍门去巧妙地应对它。想要巧妙应对，首先得知道"愤怒"产生的机制。

━ 愤怒由大脑引发

在本书中，我将以一名精神科医生的视角，从医学的角度，简明扼要地阐述愤怒产生的原因。这并不是一个艰涩难懂的问题，请放心。

无论什么类型的愤怒，想要找到应对的方法，你都必须先观察引发怒气的对象。当然，这并不是让你

引言
为什么你会发怒

进行高难度的分析处理，而是去尝试思考"为什么"。

就像在体育竞技中，只有先了解"对手会使用何种战术来应对""对手擅长什么，不擅长什么""如果是团体运动，哪些队员是关键人物"等情况，才能在真正比赛时具备优势。

"它究竟是什么东西？"

我们面对愤怒时，首先就要抱有这样的视角。

既然情感是由大脑产生的，那么我们先来看一看，当愤怒涌上心头时，大脑内部会发生怎样的变化吧。

大脑由不同的部分构成。例如，当我们遭到殴打时，反应最为迅速的部分叫作大脑边缘系统。

据说这个部分在人类之外的其他动物大脑中同样存在，被称为"原始脑"。边缘系统不会进行复杂的思考，只会产生单纯的反应，使人受到殴打就勃然大怒。可以说，愤怒的源头就产生于此处。同时，恐惧的情感亦产生于此处，并进一步引导我们采取逃离的行动。

与边缘系统相对的部分被称为"大脑皮质"（cerebral cortex），这一部分反应速度相对缓慢。它用于思考"我能不能打败这个对手？""打架会招来警察，变得更加麻烦"等问题，从而阻止人采取冲动的行为。

在愤怒这一问题上，边缘系统扮演的是加速器的角色，而大脑皮质发挥的则是刹车的作用。两者相互作用并保持平衡，这是我们人类独有的特征之一。

当你气到差一点就要动手殴打对方时，你就处于一种高度动物性的状态之中。这时，你的控制系统会被触发启动，告诫自己"这样不行！"这就是我们生气时大脑中实际上演的情景。

━ 氧气不足时容易发怒

近年来，"大脑窒息"状态越来越引起人们的重视。研究发现，当人们情绪激动或感到强烈的不安时，就

引言
为什么你会发怒

会引起脑部缺氧。

一旦氧气供应不足，大脑皮质便无法充分发挥作用。如上文所述，大脑皮质起到的是刹车的作用，一旦氧气不足，也就相当于这一功能产生了故障。换句话说，这便意味着愤怒不仅无法得到遏制，还将不断升级。

当人们被愤怒的情绪支配时，就会进入"血往头上冲，头脑变得一片空白，什么都思考不了""气到什么都说不出来""心跳变得越来越快"的状态。那些由于强烈的不安而陷入恐慌状态的人，也会产生上述感受。这正是因为大脑皮质无法正常发挥作用，导致人们无法顺利控制情绪。

遇到这种情况，我们可以通过呼吸法来控制。请观察一下当人们陷入恐慌或怒不可遏时的呼吸状态，应该都是浅而快的急促的呼吸。没有一个人会一边生气，一边还保持着如同泡温泉般舒缓的呼吸。

因此，当你因为愤怒而感到无助时，就要意识到大脑皮质进入了供氧不足的状态。这时，你需要有意识地放缓呼吸。在反复进行深呼吸的过程中，大脑皮质将会慢慢获得氧气供应，你的怒气也会逐渐消退。

当你因为愤怒而无法入睡时，不妨也有意识地调整一下自己的呼吸。

请记住，正确的呼吸方法，能够让人有效地控制愤怒。

━ 如何避免将愤怒转化为怨恨

接下来，我想要谈一谈怨恨。怨恨是愤怒扩大并朝着恶性方向转化之后的产物。怨恨由大脑皮质产生，然而大脑皮质原本应该对愤怒起到刹车的作用。

例如，当我们对某人的言行举止感到愤怒时，大脑皮质首先会试图控制我们的怒气。但与此同时，大脑皮质也会让你回忆起,这个人曾经对你说过的其他过分的、让你生气的话,它会将这些事情从你的记忆深处翻出来。

这就使愤怒变成了一种不会随着时间的推移而消失的怨恨。尽管大脑皮质的基本功能是抑制愤怒,但在上述情况下,大脑皮质反而使得愤怒倍增。它使愤怒成倍地增加,并令其性质发生改变,最终停留在"我总有一天要报仇"的形式上。

这可能会让人形成某种妄想,或增强其受害者意识。然而,这样的情感一旦失控,有时就会发展成重大事件。

有一个很好的方法,可以使我们避免将愤怒转化为怨恨:

我们要避免对"人"愤怒,而是转向对"事"愤怒。不要去想"那个人真是一个过分的人",而是将观点转变成"因为那个人对我做了这样的事情,所以我才感到气愤"。

原来的你是不是已经认定了"发怒是没办法的事情",并对此不再抱希望了呢?当你通过上述讲解了解到愤怒产生的机制后再去面对它,一定能找到另一种应对方式。每当怒气涌上心头时,如果你都能先去思考如何应对,再采取相应的行动,那么一定会慢慢地对愤怒产生耐受力。

▬ "血清素不足"是愤怒的原因之一

此外,脑内的神经递质[①]紊乱,也可能引发愤怒。

---

① 神经递质是神经元之间或神经元与效应器细胞(如肌肉细胞、腺体细胞等)之间传递信息的化学物质。根据神经递质的化学组成特点,主要有胆碱类(乙酰胆碱),单胺类(去甲肾上腺素、多巴胺和5-羟色胺)。——编者注

引言
为什么你会发怒

应该有很多读者都知道血清素（serotonin）[①]这种物质。研究表明，当个体体内血清素不足时，就会变得易怒，稍微受到一点儿刺激就会大发脾气。

血清素也是一种与抑郁症密切相关的神经递质，血清素不足更容易导致抑郁症。比较令人意外的是，有些抑郁症患者很容易发怒，或者做出强烈的攻击性行为，这些都被认为是体内血清素不足所致。

有一些方法可以帮助个体补充体内不足的血清素。例如：晒太阳、有节奏感的运动、肌肤接触等都是很好的方法。即使有些人昼夜颠倒，但只要沐浴了清晨的阳光后再去睡觉，也是没有问题的。如果在太阳升起前就睡下，到了傍晚才起床，长此以往，就有可能出现血清素不足的现象。

[①] 血清素又名 5-羟色胺（简称 5-HT），是调节神经活动的重要神经递质，5-羟色胺最早是从血清中发现提取出来的，故名血清素。——编者注

此外，散步的时候也最好有节奏地快走，而不是漫无目的地闲逛。正确的呼吸方法对增加血清素的分泌也十分重要。总之，就是要保持规律的生活。

关于肌肤接触，偶尔让家人或亲密的好友为自己按摩一下是一个不错的方法，与宠物肌肤接触也是一种有效的方法。牵手、拥抱，这些小小的举动都能增加血清素的分泌。

抑郁症患者有时会通过服用药物来增加血清素。然而，使用药物增加血清素，在控制愤怒上可能会产生适得其反的效果。抗抑郁药物具有增加活力的作用，但在某些情况下，也可能使个体的攻击性得到增强。

在过去一些轰动日本社会的重大案件中，由于犯人是抑郁症患者，导致人们将抑郁症患者视为一种危险的存在。但是，这是一种错误的认知。

抑郁症本身并不是他们犯罪的原因，在很多情况下，犯罪往往是由于个体持续服用了增加血清素的药物。在某些情况下，药物治疗确实有其必要性，但过度依赖药物则会引发问题。

一旦你觉得自己最近一段时间总是动不动想发火，就可以想下是否与脑内的血清素不足有关。

出现这样的情况，可以试试每天早起。散步、慢跑、练习科学呼吸方法都是不错的主意，试着每天做一做有节奏性的运动，也可以尝试一下肌肤接触法。仅仅通过这些方法，就足以带来很大的改观。

▬ 基于精神病学的 24 种方法

相信你现在已经明白了愤怒产生的机制，并理解了只要掌握应对方法，就可以控制自己的愤怒这一道理。

从第 1 章开始，我将会为大家介绍每一种迅速抑制愤怒的方法。请你学着使用这些方法来控制自己的愤怒。

　　对于本书，我衷心希望你不要读完一遍就搁在一边，而要尽可能地带在身边，反复实践，以达到最佳效果。本书将这些方法简化整理，只需短短3秒便可练习实践。这里既有提供具体"行动"的方法，也有提供视角的方法，教大家如何通过采纳不同角度的"观点"去解决问题。

　　在本书中，我已经通过具体的情境，介绍了如何在这些情况下处理愤怒。这当中应该有你似曾相识的场景吧。当你能够完全领会到"啊！原来这么处理就行了"时，你就可以把这种方法应用到其他类似的场景中。

　　最关键的一步，是通过上述方法的运用，先使自己做到怒不形于色，或不将愤怒付诸暴力等行为。一旦将怒不形于色变成了一种习惯，你就成功了。

　　当然，本书的主旨并非说明人不能愤怒，或者抱

引言
为什么你会发怒

有愤怒的情感是不行的。已经有人指出，抑制个人情感或阻止情绪产生，都可能会对身心产生负面影响。况且一个人的情感如果变得单一，人生也就变得枯燥乏味了。

然而，研究也表明，愤怒很容易转化为一种行动，并且会对人们的思维模式造成负面影响。因此，我们要尽量避免将愤怒转化为行动，尽量做到怒不形于色，避免自我思维模式被愤怒主导，这对我们获得和谐的生活及建立良好的人际关系至关重要。

为此，本书将借助精神病学及心理学模型，以简单易用的形式为大家介绍相关的方法和技巧。

我希望能够帮助大家走近那个"不想再因为发怒而感到失败"的自己。来吧！从下一页开始，我们将进入实践篇！先放松一下肩膀，再继续阅读吧！

01

第1章

稍稍感觉生气时的应对方法

方法 1　一要生气就做 3 秒深呼吸

一 担忧会转化为愤怒

"孩子每天都很晚才回家,他究竟去了哪里做什么呢?"

每天这样为孩子忧心忡忡的父母亲应该也不在少数吧?

"大概几点回来?"

刚开始的时候，父母发这样的信息询问，孩子往往会回复说："马上就回来了，不用担心。"但日复一日，每天都收到父母的信息询问"几点回家？"孩子也会感觉"烦死了"。于是，从某一天起，他决定再也不回这样的信息。

这么一来，在家等待的父母可能就会开始感到焦躁、坐立不安，甚至忍不住发起火来。

"这家伙究竟要到几点才肯回来？！"

"我怎么知道他几点回来，你自己发个信息问一下不就行了。"

于是乎，夫妻间也掀起了一场愤怒的风暴。

"凭什么要我发信息，你发！"

"就算我发信息他也不会回我的，你别什么事儿都推给我做啊!"

借着这样的势头,夫妻争吵模式就正式启动了。夫妻双方烦躁不安、恼羞成怒,既对迟迟不回家的孩子感到怒不可遏,同时夫妻间对彼此也火冒三丈,愤怒不断扩大。实际上,夫妻间相互置气并不会让孩子早一分一秒回家,相反,由此引发的夫妻争吵才是更为棘手的问题。

■ 嗜氧的愤怒抑制装置——大脑皮质

对于家里的女儿而言,一间充满愤怒情绪的房子,不可能是一个舒适、宜居的地方。她不想和家人面对面,更愿意在外面待到很晚。即便回到家,家里的氛围也会迫使她想要迅速洗完澡回到自己的房间,盖上被子蒙头大睡。

作为孩子，他们既不想看到父母不愉快的面孔，也不想听父母的说教。即使意识到父母不愉快的罪魁祸首是自己，他们也会按照自己内心的想法去做。父母的大道理在他们那儿是行不通的。这样的经历，大部分人应该都有体验过吧？

能够感受到愤怒的，是被称为"大脑边缘系统"的原始脑。我在引言部分已经讲述过，如果只有这部分大脑发挥作用，那么人们一旦感到愤怒，就会马上付诸暴力，情绪会立即转化为行动。

但是，人类还有一个被称为"大脑皮质"的理性区域。它会及时帮助人们踩刹车，告诉人们"不能打人，这个时候一定要忍住。"如果大脑皮质能够正常工作，就能在人们感到愤怒时阻止其将怒气转化为暴力行为。

那么，怎样才能促使大脑皮质发挥作用呢？

决定性的因素就在于"氧气"。实验表明，当人

第 1 章
稍稍感觉生气时的应对方法

们处于由于愤怒导致情绪高涨或强烈不安的状态中时，大脑皮质就会进入供氧不足的窒息状态。因此，我们可以认为，那些动不动就大发雷霆，或者总是把怒气写在脸上的人，其大脑皮质往往处于供氧不足的状态。

当你感觉"血往头上冲，大脑变得一片空白""气到什么都说不出来""心跳变得越来越快"时，就要意识到这时你的大脑已经供氧不足并发出了求救信号。这种情况下，首先要做的就是想办法向大脑供氧。而想要向大脑供氧，唯一的办法就是呼吸。请你尝试一下 3 秒深呼吸。同时，也不妨想象一下大脑逐渐被新鲜氧气充满的样子。

你是不是变成了一条嘴巴一张一合的金鱼？

在家干等着也是烦躁不安，两个烦躁不安的人就算见上面了，事态也不会有所好转。所以，我们首先要做的就是转换场景。

可以去附近的便利店转一转，并且不要急匆匆地去，要放慢节奏。此外，还要记得深吸一口户外的新鲜空气，让氧气充满身体的各个角落。感受将怒气和体内的浑浊气息一起呼出体外的感觉。

吸入肺部的氧气，会随着血液一起输送到大脑。大脑皮层原本像一条缺氧的金鱼，浮出水面嘴巴一张一合地用力呼吸，而随着新鲜氧气的注入，又焕发出了新的活力。大脑皮质修复后，就又能继续发挥抑制愤怒的作用了。

请不要烦躁、焦虑，并保持大脑供氧充足，当孩子回来时，面带笑容地说一句"你回来啦"来迎接他。相信孩子一定会逐渐理解你的担忧，你也一定能够在心中种下一粒缓解愤怒的种子。一旦感觉到自己在愤怒的边缘，就记得告诉自己"来吧，氧气"。

第 1 章
稍稍感觉生气时的应对方法

方法 2 | 用意式冰激凌为愤怒降温

一 愤怒的后果是滋生怨恨

我们通常把触怒他人的行为称为"踩地雷"。当我们对家人或身边人的态度、言辞感到反感时,我们的怒气就会像火山爆发一样喷涌而出。这种经历大家多多少少都有过吧?

"你再说一遍试试!"

"你这算什么态度!"

愤怒或许就在瞬间显露出来，上面的对话就成了一种宣战。

"你才有病吧！"

对方也开始反击。

火星四溅的争吵只会让双方更加气愤。双方相互拉锯反击，言辞越发激烈。即便使用杀伤力超过对方的言辞暂时赢得了争论，那种不快的心情似乎也一直在尾随着自己。而争论失败的一方更是在心中埋下了愤怒的种子，这颗种子会发芽、开花，开出的便是"怨恨之花"。这并不是双方原本希望达成的结果。

那么，出现这样的情况时，我们应该如何是好呢？

第1章
稍稍感觉生气时的应对方法

一 通过刺激你的嘴和胃来关闭愤怒模式

我们首先需要做的,就是让即将进入愤怒模式的大脑冷静下来。

我推荐大家做的,是给说了气话的嘴巴和开始受愤怒影响的胃补充营养。换句话说,大家可以尝试吃意式冰激凌等甜点,或者一口气喝下一杯冷饮。

当我们感到烦躁不安时,就会想吃点甜食。因为甜食能让我们的血糖迅速升高,而血糖升高可以使我们产生满足感,让我们变得精力充沛。此外,吃甜食还能唤醒人们小时候父母给自己买生日蛋糕的深层记忆,这就是所谓的"还童"。它能让人们的情绪瞬间切换到天真无邪的状态,心情变得放松,从而暂时关闭愤怒模式。据说意大利人在感到生气时就会吃意式冰激凌来抑制愤怒。

另外,"冰冷"也是一个重要的因素。我们经常会劝一个正在生气的人"降降温",这确实是一种正确的方法。当然,我们在家里或工作的地方,都不可能真的在头上浇一桶水,充其量只能喝喝冰水,但这已经足以浇灭心头的愤怒之火了。

一旦感觉到怒火中烧,就打开冰箱,往杯子里倒水加冰,一口气喝下去。请你感受一下那种冰爽顺着食道流入胃里的感觉。我们会把生气时的状态描述为"怒发冲冠"或"义愤填膺",往头上浇水是让头脑冷静,喝水是让胸腹舒适。如果你不喜欢吃甜食,那么冰咖啡或冰红茶也是不错的选择。

━ 尽量让副交感神经保持优势

2015年橄榄球世界杯后一举成名的选手五郎丸步[①],

---

① 五郎丸步:日本橄榄球运动员,日本国家队队员,目前效力于超级橄榄球联赛昆士兰红队。——译者注

第1章
稍稍感觉生气时的应对方法

在赛场上有着一套独特的动作程序，据说那是他为了平复兴奋的状态，或者避免被观众的声音干扰而做的。这和上文我提到的方法是相同的道理。

往胃里送一些吃的东西，从医学角度讲也是正确的方法。

通过对胃部进行刺激，能够激活副交感神经，有助于平息怒火。副交感神经属于自律神经，与其相对应的是交感神经，两者功能相反。当我们发怒时，交感神经就会进入全速运转的状态，使"战斗"火力全开；而副交感神经则是在我们泡温泉等悠闲自在时才会开始运转的神经，它能让我们的身心都得到放松。通过进食这一过程，可以让大脑从"战斗"模式切换到放松模式，从而使愤怒得到平息。因此，我们应该尽可能地让副交感神经处于主导地位。

此外，吃点食物、喝点东西这些行为还能起到缓冲的作用，避免我们的情绪直接转化为行动，经过这几分钟的吃喝后,情绪就会慢慢地平静下来。

等我们的怒气消退后,试着让大脑用冷静模式分析一下自己为什么会生气。你会发现,其实在很多时候,惹自己生气的是一些微不足道的小事情。这样的经历反复几次后,再遇到类似的情况时,学习效果就会显现出来了。

一感到生气,就给嘴巴和胃来点刺激吧!只需短短 3 秒就能搞定!

方法 3 | 与吵嚷的人迅速分开，保持5米距离

■ 抗挫折能力低的人

那些不分场合大声喧哗的人，真的令人十分厌烦。遇到这样的人，很多人都会忍不住想抱怨"这人究竟想干吗？！"怒气止不住往上涌，很想对他大骂一句"闭嘴！"在现代社会中，因为一点小事就大发脾气的人变得越来越多了。

但是，如果你真的把怒气发泄到这些人身上，搞不好会惹上大麻烦。最坏的情况，甚至会发展成杀人事件。

以前，人们倾向于认为动不动就发脾气的大多是年轻人。但现在，不论男女老少，大家都比以前更容易发脾气了。

前些天，在一个民营①铁道车站，有一个身材矮小的大叔和一个 20 多岁的高个子小伙子杠上了。原因大概是，小伙子妨碍到大叔下电车。小伙子回应说："我不是故意的。"我当时也在现场，我觉得小伙子看上去确实不是故意的。然而，这个大叔却一副气势汹汹、剑拔弩张的样子。"你这黄毛小子，你以为你算老几！"

大叔看上去并不像喝醉了的样子，他应该是工作上碰到了什么不顺心的事吧，但他骂人的情景实在不堪入目。

---

① 日本的铁道按不同的运营主体，分为公营、民营（私铁）、第三部门铁道三种类型。公营铁道由公营部门负责运营，私铁由民间资本负责运营，第三部门由公营和民间资本合资运营。——译者注

第 1 章
稍稍感觉生气时的应对方法

心理学中,人们将动不动就发怒的人解读成"抗挫折能力低下",无法忍受自己的不满。换句话说,就是幼稚。

一 有些人还没学会忍耐

当幼儿没有得到他们想买的玩具或糖果时,一开始会边哭边求着大人说:"我想要,我想要,给我买吧,给我买吧。"但这般哭闹后再没得到他们想要的东西时,就会采取过激的行为。他们会躺在地板上撒泼打滚、大喊大叫,固执得说什么也听不进去,甚至还会变本加厉。这实际上是一种恐慌的状态。

当然,随着年龄的增长,正常的人就能学会不再采取上述的应对方式。但是,并不是所有的人都能学会这一点。有的人对忍耐学习得还不够,这样的人在成年后就很容易发脾气。

无论在职场上还是在邻里间，我们都能看到这类还不能完全被称为"成年人"的人。虽然他们对知识的掌握已经达到了一定的程度，但是在认知上，也就是对事物的接受方式和理解方法上还存在很大的欠缺。

如今，极其不成熟的人变得越来越多，这些人无疑都是"幼稚的人"，他们体内充满了易怒因子。当我们面对这样的人时，都忍不住想要对其说"闭嘴！"我十分理解大家的这种心情。

但在这种情况下，安静地离开现场才是最好的办法。

迅速离开，离这种人 5 米远。只要这么做，事情就能解决。

一 只对"人"生气而不对"事"生气的人

在日本家长教师协会或者社区会议上，大家是不

第 1 章
稍稍感觉生气时的应对方法

是都碰到过那种一旦自己的意见没有被接纳，态度就会明显改变的人呢？有的人会突然从座位上站起来，或者执念很深，根本听不进别人说的话，甚至马上和周围的人发生冲突。

和体内拥有较多易怒因子的人接触时，一定要注意相处的方式。

认知上不够成熟的人都有一个特征，那就是他们倾向于对周围的人做一个是敌是友的划分。一旦某人被他们视为敌人，那么不论这个人说什么，他们都会反对或者置之不理。如果是因为意见不一致而遭到反对，那也说得过去；即便主张一致时，他们也会说："我没法对那个人表示赞同。"

这样的人并非对"事"生气，而是对"人"生气。

面对这样的人，重要的是观察他们是否能够对事情的是非对错判断准确。如果你没法做到和他们保持距离，那么即使你是一个充满善意的人，也要做好突然就被他们迁怒的心理准备。

虽然我不赞同"防人之心不可无"的处世之道，但不可否认的是，世界上确实存在说不通的人。对这样的人，你的愤怒也是说不通的。在你愤怒之前，不如花 3 秒的时间和他们拉开距离。这样做既可以让自己的头脑冷静下来，也不用为对方的愤怒埋单。这也是我们保护自己的一种方式。

方法 4 | 用搞笑的讲话风格进行现场直播

一 尝试观察对方的行为

对身边亲近的人抱有愤怒，处理的难度是很高的。特别是当怒气指向的对象是我们的家人时，处理起来则更是棘手。因为家人每天生活在一起，如果处理不当，久而久之就会使愤怒变得根深蒂固。

假设家里的丈夫光着膀子坐在一旁只顾看报，那么作为妻子的你肯定会积攒一堆怒气吧。反过来换成丈夫的视角，有时肯定也会因为妻子喋喋不休的抱怨而生气吧。就算当场发了几句牢骚，只要对方之后还是老样子，没有改变态度，那么怒气一定还会上涌，如此循环往复。有时也会想：要不就算了吧，但愤怒的火种依旧会留在心中无法扑灭。

总是因为这样的事情生气是毫无价值的。对此，我的建议是：尝试去观察对方的行为。但只是这么单纯地看着对方也很无聊，不如尝试把观察的方式变得更加愉快、有趣一些。

平日里，夫妻双方都很忙，想要进行观察有一定的难度，因此，我建议选择某个周日进行观察。比如，早晨丈夫起床了。这是一个风和日丽、神清气爽的早晨，但他却一副十分疲惫的样子。

"明明这段时间都不怎么忙，他却一副被工作累坏了的样子，真是个可怜的家伙啊！"

你可以试着像上述做法这样，用事不关己的态度

第 1 章
稍稍感觉生气时的应对方法

观察一下对方，然后在心里来一场现场直播。

"今天，我就用古馆伊知郎[①]的播报风格来做场直播吧！今天换成池上彰[②]的风格比较好吧……"按照这样的方式去操作。古馆先生的体育解说直播可能是最让人起劲儿的。

■ 让自己成为一个"冷静的记者"

"哦哟！他正在翻开报纸。什么？什么！一来就是电视剧版面吗！这就是商人的操作方式吗？竟然不看经济版面的吗？！"

"哦！开始脱睡衣了。肚子露出来了。胖胖的肚

[①] 古馆伊知郎，日本知名网络主播，原朝日电视台新闻主播，语言风格独特。——译者注
[②] 池上彰，日本自由记者，原 NHK 记者。名城大学教授，同时担任立教大学等日本多所大学客座教授。在荧屏上的活跃度很高。——译者注

腩，下次体检会不会有问题啊！这完全是"噌"地冲向代谢综合征①的势头啊……"

通过上述现场直播式的观察，慢慢地，妻子就会看到一个与以往截然不同的丈夫形象。通过观察，有时会发现丈夫每天早上的一些固定操作，以及这些操作中的规律。等到下一个观察日时，或许就能预测丈夫的行为了。

"接下来，他就要开始做这个了！"

假设你的丈夫一拿起报纸，你的愤怒开关就开始启动了。

---

① 代谢综合征又称代谢症候群，其具有以下特点：内脏周围脂肪囤积，同时出现高血糖、高血压、高血脂等症状。

第 1 章
稍稍感觉生气时的应对方法

"今天肯定又是看完就摊在桌子上不收拾吧。我可是一大早就起来给你做早餐了,一句感谢的话都没有就算了,还一边看报一边吃,吃完也不知道收拾,好家伙!这下要躺到电视跟前去了。果然报纸就摊在那儿不管了!难道连句'谢谢你给我做饭'都不会说吗?烦死了,真是让人火大!我为什么要跟这样的人结婚啊!"

在你观察丈夫行为的同时,你一定也能慢慢看清自己的愤怒是如何产生、如何扩散的。每当遇到这种情况时,如果你都能"哦哟!"地用古馆先生的播报风格开始进行现场直播,那么你就一定能够越来越客观地看待自己。当你回过神来时,就会发现自己已经恢复冷静,愤怒已经悄然消散,只剩下现场直播圆满完成后的充实感。

一 "元认知"[①] 是愤怒的退烧药

像现场播报员那样冷静观察，再将观察到的内容通过语言表达出来，经历这一过程后，愤怒将不再是愤怒，这甚至称得上是一个化怒为笑的好方法。我们之所以无法停止愤怒，是因为被愤怒所驱使，被它耍得团团转，拉来扯去，以至于越陷越深。在这种情况下，我们需要用"鸟之眼"来审视自己。

在心理学中有一个专业术语叫作"元认知"，指的是客观地看待自己。所谓"元"（meta），意思是"高维度的"。换句话说，就是自己站在一个更高的地方看待自己。如果换一个稍有难度的表达，那就是保持一个"俯瞰"或"鸟瞰"的视角。如果你能做到始终保

[①] 元认知，又称"反省认知""后设认知"，最早由美国儿童心理学家 J. H. 弗拉维尔（J. H. Flavell）提出。简单而言，元认知就是对认知的认知。——译者注

第 1 章
稍稍感觉生气时的应对方法

持这样的视角,怒火就能在 3 秒内退去。

在职业棒球界的一流选手中,有些选手在练习或比赛击球时,会想象自己的斜上方有另一个自己在观察。这个斜上方的自己会从容地站在击球区中,用冷静的目光观察并分析自己。

那些正在接受严格修行、训练的人,也有必要通过元认知来忍受修行和训练的艰辛。客观地看待正在努力的自己,并对这样的自己进行表扬和鼓励。这样的表扬和鼓励有助于我们忍受艰辛、渡过困难。当然,也有助于怒气消退。

方法 5 | 即使不完美,也把"算了吧"当作口头禅

一 规则因人而异

最近,"断舍离"很流行。

这个词源于瑜伽术语,由"断行""舍行""离行"三个词搭配组合而成。它是通过丢弃和清理非必要的物品,使个人的生活和人生变得更加和谐的生活方式。的确,家中堆满物品、乱七八糟,不可能令人身心愉悦。

当然,"断舍离"的程度也因人而异。有些人觉得扔掉东西很不舍,有些人觉得保持整洁很困难。我们经常听到有些家庭发生夫妻争执或者亲子争吵的情况,

第 1 章
稍稍感觉生气时的应对方法

导火索是一方不经另一方同意擅自处理掉家中的各种东西。

一回到家,发现房间变得干净清爽了,这是件好事。然而,当你环顾整个洁净的房间时,突然发现自己一直珍藏的物品不见了……

在打扫房间的家人看来,这可能就是个无用之物。但如果这个物品对你而言珍贵无比,那你一定会倍受打击,甚至崩溃到哑口无言,血一下子就涌上头顶了。

"快去给我找回来!"你可能很想这样对家人怒吼。可是,就算他想把东西找回来,但这个东西很可能早已被运到垃圾焚烧厂了,任何人都无力回天。这种情况带来的愤怒,你该如何消除呢?

■ 接纳"灰色地带"使人轻松

当你因为周围人无视你的规则而感到怒火中烧时,

"接纳宽容度"能够在很大程度上帮助你冷静下来。所谓"接纳宽容度",一言以蔽之,就是接纳"灰色地带",也就是抛弃一切事物非黑即白的认知模式。

在白与黑之间,还有各种各样浓淡各异的灰色。在这个灰色地带里,不存在明确的界限。不论遇到什么事情,都要明确地划出"到这里是对的""从这里开始就不对了",这样明确划清界限的认知模式还是丢了吧!你一定会感到轻松不少的。

瞒着物品的主人做"断舍离",或许确实可以算作一种粗心大意的行为。然而,是否100%的错都出在扔东西的人身上呢?

如果我们从物品主人的视角出发,他人仅凭自己的判断就把东西扔掉,的确错在对方。但另一方面,物品的主人也未曾告知他人物品的重要性,这是物品主人的错。

可见,双方都有自己的道理。但若双方都固执己见、毫不让步，相互之间一定要用顶牛角的方式把100%的错都算在对方身上，那只会让双方的关系持续走向白热化。

"接纳宽容度"低的人，一旦遇到问题，就会寻求"0%和100%"。然而，很多问题产生的原因本身并没有那么单纯。我们自己也有一些过错。无法承认并接纳这一点的人，也无法控制自己的愤怒情绪。

想要穷追"100%的错"，等待我们的只会是愤怒之战的升级和激化。被"100%的错"强加于身的人，不可能发自内心地向你道歉，只会以同样的"100%的错"作为回报。这样的相互报复将使事态变得愈发不可收拾。

■ 接受"过错分配"

有一种方法可以避免上述情况的发生，那就是"交通事故调停法"。

请你想一想交通事故中的碰撞或剐蹭等情况，只要不是一方存在明显过失，就不会出现行业术语中所谓的"0∶100"的情况。

双方都各退一步，要么"60%对40%"，要么"75%对25%"，通过"过错分配"来解决问题，也就是用"你们各自都有不对的地方"的方式来进行和解。

最重要的是学会用"嗯，算了吧"来解决问题，而不是一味地主张自己的规则。如果双方都能意识到并接纳"灰色地带"，那么虽然不能让愤怒完全归零，但也不会使愤怒变为100%。

如果你能够保持冷静的头脑，思考"也许我也有错"，那么本节开头部分提到的"断舍离"之怒，就不会爆发了。

接纳"灰色地带"，就是培养自己的"接纳宽容度"。只要我们掌握了这项技能，就能做到尊重他人并共享规则。

方法6 | 用"佯装精力充沛"代替愤怒

一 痛快答应才是正确的做法

"这是一项紧急的工作,今天之内必须做完!"

眼看着就要到下班时间了,结果上司来了这么一句,你一定感到恼火吧。

"好的,我知道了。"

虽然嘴上这么回答,但你心里早就对他这种高高在上的命令口吻愤愤不平了吧,"难道我的个人生活安排就丝毫不重要吗?!"要是这样的事情接二连三地发生,那你肯定会非常愤怒,在心中怒吼"又来了!"吧。

"我做不了!"

你也可以选择放纵自己的愤怒情绪并这样回应上司,但这有点儿冒险。它可能会对你和上司之间的关系造成负面影响,甚至最终影响到你的饭碗。你只能选择接受。你愤怒的情绪是理所当然的,但你做出的选择也是正确的。

既然你已经决定接受,那你为什么还要在那里碎碎念,而不尝试把精力完全集中到工作上呢?

我的亲身经历告诉我,抱着愤怒情绪不情不愿地工作效率很低,并且还容易犯错。一旦犯错,愤怒情绪又会卷土重来，气得你想爆粗口。原本是自己花了宝贵的时间好不容易才完成的工作，一旦出错，便不可能得到正面赞赏。最终，或许连自己都搞不清楚这项工作究竟是为谁而做，自己为什么要压抑着自己的愤怒情绪去完成这项工作。

━"佯装精力充沛"真的能让人变得精力充沛

如果你也有上述类似的烦恼，那我就提供一个建议：假装精力充沛怎么样？就是"表面上装作精力充沛"。它有一种不可思议的效果，在你假扮的过程中，真的会慢慢激发活力，它或许比市售的功能饮料更有效。

看到你的所作所为，不得不命令你加班去做额外工作的上司也一定会产生一种被解救的感觉。对于那些能够满足自己的需求并帮助自己解决问题的人，人们自然会抱有更多的同理心。

除此之外，这对于你自身而言也是有益的。以积极向上的心态工作，会在不知不觉中提高工作效率，进而为你带来工作技能方面的提升。

如果你能圆满地完成上司交给你的工作任务，并符合他提出的要求，那么下一次他交给你的工作，内容上或许会有所改变。渐渐地，你可能就会接到级别更高的员工需要完成的工作任务，或许你的头衔也会慢慢发生改变。再下一步，就是职务晋升了。

你一定能从中感受到被人期待的喜悦感、被人认可的满足感，确确实实感受到自我的成长，并由此催生出充实感。虽然工作并不是生活的全部，但能够从工作中获得充实感，对于每个人而言都是身心舒畅之事。

请试着想一想，近来有多少人因为找不到工作而苦闷不已。虽然我无意站在经营管理者那一边为他们说话，但我们难道不该更多地用一种欣赏的目光去对待工作任务吗？用"佯装精力充沛"去代替愤怒，你会收获更多的东西。

■ 避免在公司内发泄个人情绪

当你被大家公认为是"工作能力突出的员工"，实现了技能提升和职位晋升时，你在公司内的发言权也会随之提高。

"你能不能在今天之内帮我把这项工作做完？"

当你再接到这样的工作任务时，就不必再掩饰自己的恼怒和不愉快的表情了。

"我正在处理您前几天交给我的一项工作,如果现在这个工作必须今天完成的话,前几天那项工作就要迟一些才能完成,这样没问题吧?"

你可以这样表达自己的真实想法。

当你能做到以一名商务人士的身份去投入工作,而不把个人的情绪带到工作中时,你就能更容易地接纳各种各样的提议和主张。

当你要拒绝上司交给你的任务时,或许就能够回应:"其实我今天有安排,但我可以取消,我会在今天之内把这项工作处理完。但十分抱歉,明天请您让我按时下班。"

上司的反应说不定也会有变化:"嗯……虽然是项紧急的工作,但明天完成也可以,今天你就先回去吧。"

如果是一项无论如何都无法拒绝的工作,那就不

第 1 章
稍稍感觉生气时的应对方法

要生气，也不要摆出一副厌烦的表情，你需要做的就是欣然接受，它一定能转化为一股巨大的正能量回馈给你。如果只是一味地发怒而不采取行动，是没办法把火扑灭的。

02

第 2 章

面对胡搅蛮缠之人愤怒时的应对方法

方法 7 | 忍不住生气时,就"只怒 3 秒"

一 勤快地"生小气",就不会大爆发

我是个急性子,尤其在面对一些社会矛盾时,我常常会觉得"这样真的没问题吗?!"

我也常常会思考诸如"照这样下去,世界会变得越来越糟糕""我们真的要允许这样的事情发生吗"等问题。当然,关于这些问题,我会留到另一本书中再做具体讨论。总之,人生来就能感受到愤怒,这点毋庸置疑。但是,最近我已经能做到不因为自己的愤怒情绪而伤害别人,也不让愤怒情绪来伤害自己的身体

了，这带给我非常健康的生活。

我的其中一个秘诀，就是"生小气"。我一直认为，我之所以能够达到现在这种状态，是因为我经常适度地、巧妙地发怒。关键点就是"只怒3秒"。如果你拖拖拉拉地长时间处于愤怒状态，不愉快的情绪也会长时间地尾随着你。迅速地发怒，不要留下后患。

把这个过程比作打扫房间或许更容易理解。如果你每天勤快地打扫，就不会积存很多垃圾。当有客人来访或到了年底时，也无须慌慌张张、急急忙忙地大扫除。

发怒也是一样的道理，可以每天一点点地发泄。人的心理承受能力是有限的，一旦任其发展，积累到一定时候就会形成愤怒的洪水。当这股洪水冲向他人时，会转变为对他人的恶言恶语，极端情况下甚至会发展成暴力事件。而当这股愤怒向内发泄时，又可能损害我们自己的身体健康，滋生心理健康问题。

第 2 章
面对胡搅蛮缠之人愤怒时的应对方法

■ 讽刺和挖苦也是极佳的愤怒表达方式

我还有一个诀窍,那就是使用恰当的措辞和表达方式。

"哇!这个问题还能这么去考虑啊!"
"原来如此!我明白你的观点了,但我还是没法表示赞成。"

当你无论如何都没法同意对方的观点时,可以选择上述的措辞来表达自己的不满和愤怒,也可以通过言外之意来传达自己的恼怒。

讽刺或挖苦都没问题,这也是一种极佳的表达方式。

"你的思维方式真是独特又单纯。你平常看上去很忙，应该没时间考虑别人的感受吧。我真的好羡慕你。"

"谢谢你的体贴，告诉我这么多，真是让我长见识了。对了，你应该知道'班门弄斧'这个词吧？"

对于他人的不当言论，不妨采用上述类似的回应。用一些稍稍有点儿呛人的话去回应也是个不错的主意。

当然，在你生小气时，要努力控制自己的愤怒表情，这样才能使"小气"发挥效果。表露出愤怒的表情，不仅会让我们的精心设计毁于一旦，还会招致对方更强烈的愤怒。如果冷静下来，可能你还会想出比上文更有效的措辞。最为关键的是有效地将你感到生气的事实传达出去。

━ 将愤怒转化为文字能使人冷静

我习惯把我的愤怒之感写成文章，以此来消除

第 2 章
面对胡搅蛮缠之人愤怒时的应对方法

愤怒。

写文章的优点是不容易被情绪牵着鼻子走。如果通过口头表达,你只需要大吼一句"你个混蛋!""你个白痴!"就可以充分表达出自己的愤怒了。但是,当你把这件事写成文章时,为了能让读者更好地理解,你必须把当时的情境、自己的感受以及主张冷静地再现出来。

换句话说,文字化的过程需要你冷静且有逻辑。因此,在整个操作过程中,你必须把愤怒的情绪暂时置于身后,否则就无法写出能向他人传情达意的文章。

"我无法从他说出的话里感受到一丝一毫的智慧。他完全不考虑听话人的情绪,只是不断说出涌到嘴边的话语。我的大脑已经开始宕机……"

假设我们通过文字化的方式去冷静地表达愤怒,

虽然这是一个几乎不会有人去做的极端例子，但当任何人在将愤怒的情绪转化成文字时，应该都会不由自主地开始分析自己的情绪。"这股怒气究竟是怎么回事呢？"随着分析的过程，自己也能慢慢地冷静下来并审视这颗愤怒的火种。这时，它就已经不再是刚才产生的那个愤怒了。

通过上述方式将愤怒一点点地通过语言发泄出来，或者通过文字的方式表达出来，你一定可以成为一个愤怒管理的专家。

第 2 章
面对胡搅蛮缠之人愤怒时的应对方法

方法 8 | 总做打杂的活其实更吃香

一 别管那些狡猾之人

狡猾的人到处都有。不论是在职场上还是在邻里间,他们都会想办法把工作推给别人,自己只想轻松偷懒。例如,当大家工作都十分繁忙时,没有人愿意去接电话,因为这会分散工作的注意力。并且,一旦接了电话,可能同时又产生了另一项工作,甚至不得不推迟手头应该做的事情。最终,接电话的人可能被迫加班,虽然他一点儿都不愿意。

但是,如果大家都不接电话,电话铃声就会一直响下去。某个心地善良的人实在看不下去，终于接起了电话。可是，要是他因为接了这次电话，最终不幸地被迫去做一些非本职的工作，那一定肠子都悔青了。他一定会想自己为什么要去充当好人，自己对自己的行为气不打一处来。

不仅如此，他对那些不肯接电话的同事或下属也会感到恼怒不已。如果这样的情况反复发生，那么他的怒气必定越积越多。

对于这样的人，我的建议是，一旦愤怒爆发，最终只会使自己成为坏人。所以，不必义愤填膺，也不要悲观沮丧，继续接电话就好了。如果你总是不情不愿地去做这件事，情绪上也会渐渐变得萎靡不振。

▬ 你永远不知道"收获"在哪里等着你

一位出租车司机曾告诉我："要做到有顾客向你招

第 2 章
面对胡搅蛮缠之人愤怒时的应对方法

手就一定让他上车,哪怕他只坐到起步价范围内的地方,也要面带笑容地迎接他。你怎么知道他下车的那个地方又有什么样的顾客在等着你呢?"

这是我偶然一次坐车时问司机"有什么诀窍来提高销售额"时,他给我的回答。这是他的亲身经历,当他同意让眼前一个刚被拒载的顾客上车,把他从东京银座送到起步价范围内的目的地时,就发现下车的地方正好有一个人在等车。

"你能载我去仙台[①]吗?"

这意料之外的一句话令他开心不已。

积极地去接听一个没有人愿意接听的电话,和这个故事反映的不是相同的道理吗?电话铃声一响就去

[①] 仙台距离东京约 370 千米。——编者注

接，并且用明快而充满活力的话语回复。

谁知道这样做会发生怎样的事情呢？

如果是一个经常拨打你们公司电话的人，那他可能会将这一情况反馈给身边的人："这家公司的电话服务水平提高了很多哦。"

这些人说的话，最后也会传到公司高管的耳朵里。没有哪个高管会因为下属受到表扬而不高兴。下属受到表扬，就等于上司自己也受到了表扬。最终，公司高管对你的评价也一定会提高。

▬ 从电话的接听方式中看出工作的质量

我想说的就是"吃小亏占大便宜"。你应该做短期内看似吃亏的事情，因为职场中里里外外都会有人观察你的态度。这么一想，你应该就不至于再为此感到愤愤不平了。正是因为你觉得自己吃了亏，所以才会感到生气。实际上，与其说是吃亏，不如说这是一个和周围的人拉开差距的机会。

成也电话，败也电话。电话是公司与外部客户之间联系的纽带。认真接一个电话，有时就会为公司带来一份额外的利润，甚至挽救公司于危机之中。其实，原本就没有所谓的"杂活"这项工作。从我个人经验上讲，似乎只有那些无法胜任工作的人才会倾向于认为"接电话是杂活"。

实际上，在我熟知的一家电影公司里，我从未听到电话铃声响过2次以上，这家公司的业绩每年都在稳步增长。有时，甚至总经理本人也会主动去接听电话。每当我想要制作电影时，我也会想要选择这家公司。我至今还未遇到过一家电话服务糟糕、态度恶劣，但业务却做得一流的公司。电话的接听方式是工作质量的一面镜子，这么说毫不为过。

到底是一边生气地想着"真烦人，真烦人"一边接听电话,还是想着"反正早晚要接,晚接不如早接",决定权在你手上。电话的接听方式,可能会改变你半年后的职场环境,这对你来说是件极大的好事。

"这些麻烦的、棘手的事情交给我来做吧!"

一旦你下定决心这么去做,就会发现为接电话生气是一件多么愚蠢可笑的事情。

方法 9 | 特效药"血清素"的分泌方法

一 棘手而"黏度强"的愤怒

还有一种愤怒，是在事后才涌上心头的。

比如，你和一个善于言辞的人发生争执，结果因为说不过对方，或者没能顺畅地表达自己的意见而败下阵来，觉得懊悔不已。

虽然你当场作罢退下阵来，但一回到家里，正常的心态又被打乱了。懊恼的感受一点点渗透出来，"我的感受连一半都没能表达出来！""早知道我应该这么反驳他的！"这些懊恼的挫败感有时就会演变成愤怒。

之后，你又想出了一些当时没能想出的、十分切中要害的反驳之词，事情就变得更加棘手了。因为你又不可能直接给对方打个电话，把刚想到的这些词全都说给他听，而这又让你更加懊悔和恼火。你的怒气没有发泄的对象，真可谓是"孤独的愤怒"。你愁闷苦恼，钻进被窝久久无法入睡。

这种类型的愤怒总会带有一种黏性，很难从你的脑海中消失。不但挥之不去，还会接二连三地在你的记忆中重现，有时甚至还会愈演愈烈。接下来，就让我们看看这是怎样演化的吧。

我们回到家后，有时会突然回想，"今天发生了些什么事呢？"这时，很可能会回忆起与人争吵的情景。紧接着，"那时没能把自己的感受表达出来""太不服气了"等情绪就会涌上心头。

第 2 章
面对胡搅蛮缠之人愤怒时的应对方法

一 你是不是在"改编愤怒"呢

人类有时会以愤怒情绪为起点,挖掘出各种各样的记忆。从"那个人以前也对我说过同样的话"开始,联想到"这么说来,另一个人也取笑过我啊""啊!好不服气!真让人懊恼!"愤怒的涟漪就这样无休止地蔓延扩散开来。

遇到这种情况,应该怎么办才好呢?

如果任由其发展,就会催生出一条"愤怒链",它甚至会唤起人们内心深处那些早已被遗忘的愤怒场景。愤怒场景会被"改编",有时甚至会发展为一种虚构场景。事情走到这一步,当下的愤怒早已经变成了另一种愤怒。

我一直将电影制作当作自己的毕生事业。我既做导演,也做编剧。在虚构的世界里,改编、渲染、润色是理所当然的事情,但由于改编催生出的"愤怒链"

却是不可接受的。

为了改变这种"思维模式"，必须采取一定的措施。你肯定会想到办法的，想想那些你一做心情就会改变的事情。

其中一个可参考的方法是慢跑或者步行，也就是集中精力在跑步或走路上。通过慢跑或步行等有节奏的体育锻炼，促使大脑分泌血清素。我在引言中已经提过，血清素是我们控制情绪时必不可少的一种物质，它能为我们抑制失控的情绪，发挥刹车的作用。面对愤怒情绪时，它也有助于我们将"方向盘"转向平息的方向。

━ 怎样才能分泌出愤怒的特效药——血清素

那么，怎样才能促进血清素的分泌呢？

第 2 章
面对胡搅蛮缠之人愤怒时的应对方法

晒太阳、做瑜伽、练气功、诵经的时候,体内都会分泌大量的血清素。嚼口香糖也很有效。另外,按摩也能促进血清素分泌。所以,拜托家人或好友帮忙按摩一下也是一个不错的方法。

修整一下庭院也是个不错的主意。如果家里养宠物的话,全身心投入和宠物玩耍一下也是个挺不错的办法。

此外,去卡拉 OK 一边高声尖叫一边飙歌也是一种方法。大声喊叫有助于释放压力,是帮助我们转换情绪的一种极佳方法。

总之,最重要的是要摒除杂念,专心致志地做一些只有集中精力才能完成的事情。

让我们将血清素时常挂在嘴边,然后集中精力去做另一件事情吧!不要让自己成为一个"愤怒的编剧"。

方法 10 ｜ 将愤怒情绪转化为提高技能的能量

━ 对蔑视自己的人感到愤怒

就我自身的实际感受而言，我觉得有些非正式员工和兼职人员工作能力其实非常强。不能有效地运用这些人的技能，是公司或组织的巨大损失。

例如，那些被称为"黑心企业"的公司及组织，或者就职于这类企业中的正式员工，往往会自带一种莫名的优越感，倾向于轻视那些非正式员工和兼职人员。

因此，即使非正式员工或兼职人员提出了一些明显有助于提高工作效率的策划方案，或者有助于提高业绩的方案，也未必能够被顺利采纳。

"上面吩咐什么，你照着做就行了。"
"你就做做属于兼职范围内的事就行。"

如果你被这样的言辞拒之门外，应该会感到气不打一处来吧。但即使你当场怒气冲冲地告诉他们自己的建议有多么高明，也只会受到更多的疏离和怠慢。

"明明我以前是在一家比这更大的公司，和一群比这儿的人能力更强的人工作的，为什么我要在这里受这样的待遇、遭这样的罪呢？"

愤怒油然而生。那么，面对这样的怒火，我们应该如何是好呢？情绪这种东西，一旦你放任不管，就会不断升级。在最坏的情况下，愤怒甚至会引发杀人事件。

━ 转变应对方式，将愤怒转化为能量

毫无疑问，愤怒拥有一股非常强大的能量。

能量可以发挥正面作用，也可以带来负面影响。能量是否有用，取决于你的使用方式。

问题的关键在于，不要将愤怒的能量用在攻击他人或自暴自弃等消极方面，而应该把它用到更加积极的方面。在这种情况下最有用的，是你的冷静和理智。

当你的情绪即将失控时，冷静和理智可以发挥刹车或方向盘的作用。当你因为兼职人员的身份受到蔑视时，用你的冷静和理智想一想，究竟应该把方向盘打往哪个方向为好。

你要把这股愤怒的能量转化为提高自身技能的原

动力。

例如，考个资格证书。理财规划师、社保劳务咨询师、房地产交易师、医疗文员、书记员等，各种各样的资格证书都有助于你的职务晋升。

即使你仍然留在这家公司，有了资格证书，也有可能被安排另一份更为重要的工作。同时，你也能在那些曾经嘲笑你是兼职人员的员工面前争口气。再或者，如果你厌倦了当下这家公司，你也可以换一份更能充分发挥自身技能的新工作。你也可以尝试考一个自己感兴趣方向的资格证书，换一条完全不同的赛道去奋斗。

━ 浪费能量极为可惜

最重要的是将愤怒的能量指向外部，要知道还有其他出路、其他选择。你不是已经突破了那么多资格考试、工作考试的障碍，并且在工作岗位上一路努力过来了吗？这样的你，不可能拿不到区区一两个资格证书。

日常不妨模拟一下你的可选项。这样一来，即使有人说了让你恼羞成怒的话，你也可以想想"我可是有很多路可以走的"，这样的想法可以为你形成一道抵御愤怒的堤坝。它可以让你保持冷静和理智，甚至将愤怒转化为正能量。

你不妨拿一份资格考试培训课程的宣传册来看看，了解一下究竟有些什么样的资格考试。说不定你会发现，"竟然还有这样的资格证！""这个很适合我呢！""要是能考到这个证书我也许就能自立门户了"……找到具体的目标，是实现梦想的第一步。

经过上述努力，也许有一天，你会感谢那个蔑视你的人。把反驳他人的心声藏在心里，以此为能量悄悄地提高自己的技能吧！

03

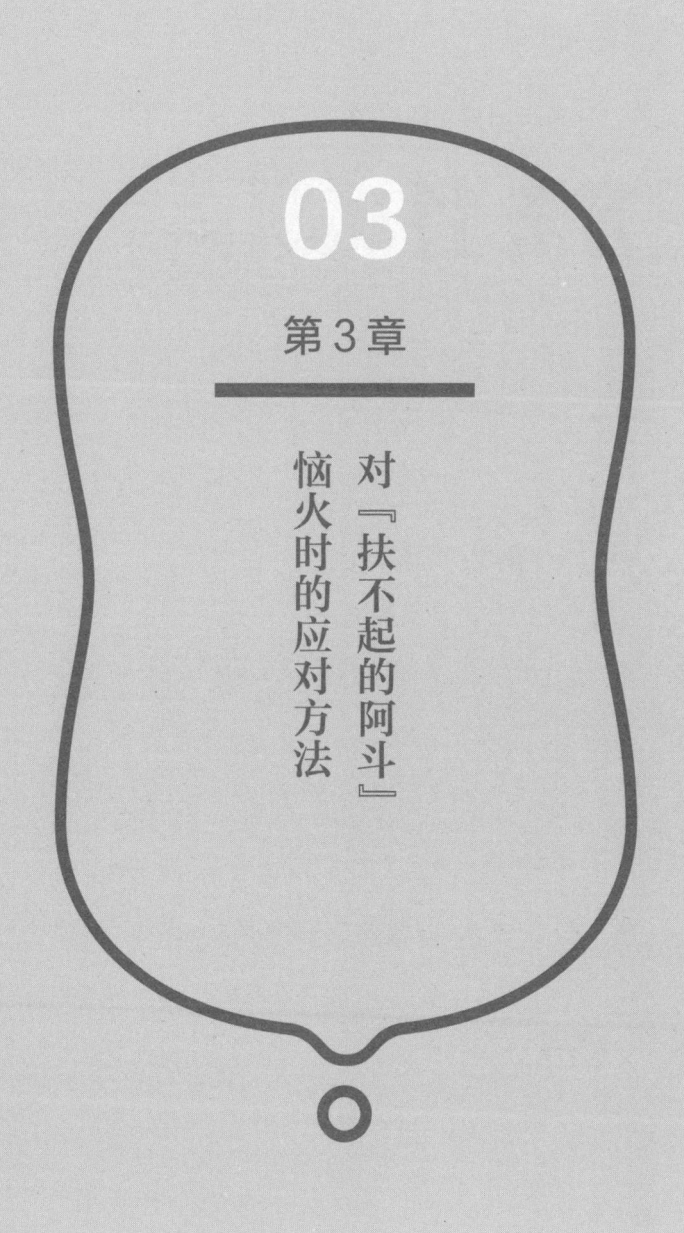

第3章

对『扶不起的阿斗』恼火时的应对方法

方法 11 | 在心中"吐槽"又臭又长的唠叨

■ 如何解决"倾听之苦"

在这个世界上,一心总想谈论自己私事的人还是挺多的。

"昨天晚上,我和某人一起出去喝酒,喝得酩酊大醉,把这件事儿都跟他说了。回家路上我又吃了碗拉面,回到家实在太累了,衣服都没换就睡了……哎呀!又要长胖了啊……"

第3章
对"扶不起的阿斗"恼火时的应对方法

这些事情对于我们来说完全无关紧要,但又要被迫听对方没完没了地讲述。听着听着,可能自己也会生气,"你爱怎样就怎样吧!""那又怎么样呢?"

当和这类人打交道,听他们说事情时,如果你"好意地"一边听一边回应,那他的话可能半天都说不完。但如果他说到一半被你打断:"行了你别说了……"那他可能也会很生气,结果形成了一条愤怒的链条。

和这类人相处,必须找到巧妙的应对方法。当然,最好的办法就是不和他们打交道,但有些关系根本做不到不打交道那么简单,比如家人、公司里的上司、前辈、重要的客户……

听他们讲话令人痛苦不堪,但又无法逃避。既然这样,那就让我们试着将这些痛苦的时间变为享乐的时光。

一 享受"无聊"的方法

每当遇到这样的情况时,我就把自己想象成一个相声演员,对方扮演装傻角色,我负责吐槽角色。我总是试着在对方讲述的过程中加入吐槽评论。用捧哏的"这又咋了呢"给自己鼓劲儿。下面请欣赏我的一段吐槽:

"昨天,我和朋友出去喝酒,喝得酩酊大醉……"

↓

"每个人都会喝酒醉,又不光你会这样。"

"我都不记得自己回家了没……"

↓

"那就别喝那么多啊,你已经不是个学生了啊!"

"但喝到那么醉我竟然还能好好地回到家里,真是太神奇了……"

第 3 章
对"扶不起的阿斗"恼火时的应对方法

↓

"你钱包没丢吧?信用卡呢?"

"而且我竟然没有宿醉啊……"

↓

"喝酒厉害是一件了不起的事情吗?你就没有点儿其他的长处了?"

你可以用这样的方式在他的话中加入吐槽评价的部分,这样一来,不论他讲述的事情有多无聊,你都能让自己乐在其中。不过,要记住这可是"内心的吐槽",可不能失误地说出来。

另外,也不妨听听看这个人究竟能把这些无聊的事情说到什么程度。说话者什么时候才肯罢休,这是一场持久战。

当然,你也不一定每次都有机会扮演逗哏的角色,所以,为了让他们继续说下去,好让你继续吐槽,你也得经常用"嗯,嗯,然后怎么样了呢"等话来表示回应,穿插助兴。

这样才能让说话者和听者的"战斗"一直持续下去。

━ 转祸为福,成为胜者

事情说到这一步,说话者可讲的话题或许已经逐渐耗尽。当他们没话可讲了之后,会突然冷静下来,说出些值得赞赏的话,比如"我说了太多无聊的琐事了"。出现这种情况,那就是作为逗哏的你大获全胜的时刻了。

虽然过程复杂艰辛,但事情都说到了这个份儿上了,对方应该不会再向你重复讲述这件事情了。毕竟,他们是输家。另外,我们还会得到一个意想不到的"副产品"。

第3章
对"扶不起的阿斗"恼火时的应对方法

"这家伙经常倾听我说话呢。"

"他真是个好人啊。"

你会得到很高的正面评价,而这些评价可能兜兜转转又被很多人听到,无形中提高了你的身价和声誉。将来有一天,或许你会听到一个于你非常有益的故事。

善于倾听,是获得良好人际关系的最佳武器。

如果只顾着生气,你不会得到任何好处。但如果你换个角度看问题,并对其善加利用,就能提高自身的气度和能力。

如果你是一位女性,每天需要面对唠叨不断的亲人,那你可以试着使用这个方法。

方法12 | 明确"社交宜轻松"的认知

一 不开心的交往令人难以应对

有些人真是让人忍无可忍,气不打一处来。比如我们拼命努力和某个人搭话,他却始终板着一张脸,不好好回应。

如果你每天都得面对这样的人,和他一起共事,那你将会产生巨大的心理压力。如果可能的话,你也不想和他走得太近,但因为在一起工作,也不可能完全不和他交流。可每次你向他搭话时,他都一副闷闷不乐的表情,该回应的时候也对你爱答不理,你肯定会气得想对他大吼"真是够了"吧?

然而,更棘手的是,并不是你对他怒吼了,他的态度就会发生改变。这反而会使他变得愈发不愉快,下次也许直接就不搭理你了,甚至工作都没法顺利推进了。走到这一步,那就"没有出路"了。

我可以根据我的经验告诉你:总是一脸不高兴的人,复仇心都很强。

如果你稀里糊涂地不小心把怒气撒在他们身上,日后就会很麻烦。他们会用谎言、精心策划的信息操作等精明又阴险的手段对你进行反击。在有些情况下,你甚至可能会因此失去职场上的立足之地。

只因为他爱答不理而让这样的情况发生实在是太不值得了。我能理解你怒不可遏的心情,但最好的办法还是冷静下来应对。

一 想象一下他人的生活背景

凡事皆有因果。换句话说，如果一个人一直闷闷不乐地板着一张脸，那一定情有可原。

究竟是为什么？什么事情让他如此不痛快，甚至连回应一句话都做不到？如果你试着去想象一下，也许就能找到一个巧妙的解决方案。

假设对方是一位女性，或许她有自己的烦恼：她的丈夫懒散无比，沉迷于赌博，欠了很多赌债后人间蒸发了……

如果是这样的话，你就能理解她为什么总是闷闷不乐地板着一张脸了吧。

又或者她是因为孩子的事情烦恼。她的儿子一到晚上就出去玩，擅自拿家里的钱出去乱花。学校也不去上，有时还会被警察叫去谈话。如果教育他两句，他就会大动肝火、拳脚相加，家里因此变得一团糟。

丈夫也不愿意和她一起商量想办法解决问题。他对儿子的事情不管不问、不理不睬。在这种情况下，这位女性根本没法做到每天还笑嘻嘻的。

你还可以想象其他的情况。也许她小时候受到父母的严重虐待。由于幼时的心理阴影，导致她无法顺利地与他人相处。每个人都有自己的出生背景，或者当下生活的背景，你要试着想象一下这些背景。

那些对别人的搭话不爱回应的人，往往都背负着一些不幸。他们可能觉得"为什么只有自己吃了那么多的苦头"，有时他们的受害者意识是极度强烈的。

▅ 接受他人"没有恶意"的认知

如果情况真如你想象的那般，那么这些人其实也并不是心怀恶意。这么去想的话，你的愤怒是否多多少少得到了平息呢？此时你应该先采取的对策，是接受"这个人就是想象中的那种人"的想法，认定对方就是没法好好地对别人的搭话做出回应。

即使我自己是一名精神科医生，我对很多人也没法轻易敞开心扉。出于好心而采取的应对方式有时也不一定能够发挥效果，甚至可能会让内心变得越来越封闭。

实际上，并非只有深厚的人际关系才是好的，有些人就是更希望寻求"轻松的关系""淡薄的关系"。这不也很好吗？

不期待得到回应，尽量保持最低限度的沟通交流，确保至少能够顺利地推进工作。只要将保持"薄""轻"的关系这点铭记于心即可。如此，就没有愤怒滋生的余地了。

第3章
对"扶不起的阿斗"恼火时的应对方法

方法 13 | 与具有攻击性人格的人"商量",而非"反驳"

━ 片面地批评指责只会使愤怒达到顶点

如今,绝大部分人都已经对电子邮件的使用方法十分熟悉,我自己也经常使用电子邮件。这虽然是一件好事,但我收到的邮件当中,也有一些会令人十分恼火。遇到一些措辞上不当的邮件,态度盛气凌人的邮件,都会让人不由得感到生气。相信大家应该多多少少都有过这样的经历吧。

我的一位女性朋友给我讲过这样一件事。

事情发生在她家孩子学校的家长教师协会活动期

间。她同意担任一场义卖活动的负责人。她干劲十足，用心地写了一份策划书，然后通过邮件的方式发给了监护人会员。

然而，有人在邮件中严厉地批评了这份策划书。

那个人不分青红皂白地说了一句"不行，重做"，完全没有一句感谢她辛苦付出的话。写信人是一位女性，是家长教师协会中的一位核心人物，曾多次组织策划过义卖活动。邮件的大致内容是将我这位女性朋友的计划断定为"错误"，并决定废弃这份计划书。

我的这位朋友平时是一个非常温和的人，但此时她的愤怒已经到达了顶点。

■ 让回信"沉睡一晚"

电子邮件中的文字往往无法将情感的细微差别传达到位。因为看不到对方的表情，只能做真正意义上

第 3 章
对"扶不起的阿斗"恼火时的应对方法

的"字面理解",所以有时在传达这些令人反感的内容时情绪会被强烈放大。我们很容易在这些内容里发现愤怒的种子。但如果你用和对方相同的语气回信反驳,那么等待你的也许是激烈数倍的反击。

遇到这种情况,一定不要想着"你有来言我有去语"地以口还口。一旦有了"去语",一定还有下一份"来言"等着你。

据说,有位知名的作家回复邮件时,习惯让回信在邮箱里"沉睡一晚"后再真正发出去。不论是让自己多么生气的邮件,他都不会马上回信反击。等到第二天早上冷静下来之后,他会把回信重新阅读一遍,确认没问题了之后,再点击发送键。这是一种非常有智慧的做法。

我也时常对自己收到的邮件感到生气,我会不由得想"嗯……怎么会有人发出这种以自我为中心的邮件……""他难道不用考虑一下我方不方便?""这明摆着是不行的啊"……既没有一句对商业伙伴表示慰劳的话,也没有一个让人感受到敬意的词。虽然我恨不得马上回信反击,但我并没有马上把邮件发送出去。因为邮件一旦发出,就无法撤回了。

当你对对方的"挑衅之辞"感到气愤并还口反击时,等待双方的只有决裂。

── 不能成为"一丘之貉"

愤怒就马上反击,那么你也会和对方成为"一丘之貉"。这个类型的人实际上是非常单纯的人,你只要反过来利用好这种单纯即可。最聪明的做法不是生气,而是采取"商量的形式"来征求意见。主动放下身段说:"我不太懂,请您教教我吧"。

例如,当我这位女性朋友面对强势地将她的策划书批判为"错误"的人,她可以回复说:"哪个部分应该修改？怎么调整才好呢？还请您多多指教。我们大家会一起讨论您提出的意见。"这样的回复是否更合适呢？

这个类型的人看到这封回信不会觉得反感。并且，因为她是非常单纯的人，所以马上会有回应。她的下一封邮件，语气上应该多少会缓和。如果出现语气上的缓和，那就大功告成了。如果只顾着和他人争来吵去，就只会白白浪费精力。

试想一下，如果我的朋友以商量的形式，放下身段回复邮件，那么在会议上会发生什么样的事情呢？

"有多次义卖活动筹划经验的××女士为我的这份策划书提出了很多建议，我按照这些建议做了一些修改和完善。现在还想听取一下各位的宝贵意见，并在此基础上最终确定本次活动的主要流程。"

这样一来，周围的家长会员可能也会觉得我的朋友是个十分能干的人，"竟然能够搞定那个一堆意见的女家长"，成为这个群体中令人刮目相看、自愧不如的人。

面对盛气凌人所带来的愤怒情绪，可以用"放下身段"的技巧来应对。通过这个方法，你最终会成为一个"占上风"的人。

第3章
对"扶不起的阿斗"恼火时的应对方法

方法 14 | 对低情商的人感到恼火时就想想"令人身心愉悦的蓝天"

一 因节奏不同而烦躁不安

"这个人在故意使坏。"

走在路上,你可能有时会有这样的感觉,即便对方是一个与你毫不相干的陌生人。

"偏偏在我赶时间的时候捣乱……"

这种情况经常发生。你一边踩着高跟鞋咯噔咯噔地赶着路，鞋跟都恨不得要踩断了，可前面的人却一点儿都没注意到。你加快脚步想从右边超过前面的人，结果他也往右边靠，你回到左边，他也好像在配合你一样往左边靠……

"这是在故意找碴儿？"

"尤其是在上班途中遇到这种情况，可能一整天怒气都不会消散。你可不能对自己不提早出门，总是急急忙忙踩着点儿去上班视而不见，尽是顾着怪别人哦。"

"这我知道！"

要是有人像上文这样用你本来也明白的道理去教育你，你就更会气不打一处来了。其实，这只是你和别人在节奏上的一个小小的差异而已。

在这种时候，你脑中是不是已经排起了"那是因为""可是""但是"等一串连词准备辩驳了呢？请你仔细想一想，其实没有人是为了配合他人而生的。

― 不能只盯着别人的行为

"聚集在电车车门附近的高中生""在人行道上一字排开并肩行走的人们""傍晚在商业街上优哉游哉站着聊天的老人""把狗绳放得长长的遛狗散步的主人"……走在街上，能看到很多类似的场景。

我们也并不是在赶时间，但当我们的节奏被这样的场景给打乱时，会情不自禁地感到恼火。不过，请你也审视一下自己，下面这些情况你是否也心里有数呢？

"和朋友长时间站在便利店里翻阅时尚杂志""和女子聚会上喝多了的姐妹一起在电车里大吵大闹""为了买打折限购的金枪鱼把孩子丢在一边不管不顾"……

想起来了！想起来了！

如果你顺着记忆的线索去寻找，也会想起很多类似的场景。而那些时候，你周围的人应该也不至于觉得你是在故意制造麻烦。

有句古话叫"欲速则不达"。当然，我并不是想让你在赶时间的时候还要故意绕个远路。

我想告诉你的是，越是在赶时间或遇到突发情况的时候，越不能因为眼前的人妨碍了你而烦躁不已，冷静和理性才是解决问题的关键词，我们应该在日常生活中强化这种认知。

这个世界上确实有凡事都我行我素，完全按照自己的节奏行事的人。他们不顾现场气氛的"KY"[1]性格，有时会激怒周围的人。但是，这也不都是故意的。

---

[1] KY：源于日语「空気読めない」中「空気」（KuKi）「読めない」（YoMeNai）读音的首字母，意为"不识趣""不懂得察言观色""不会按当场的氛围做事"。

第3章
对"扶不起的阿斗"恼火时的应对方法

■ 学习小津安二郎的"您先请"

有个英语单词叫作"comfortable",我特别喜欢这个词。这是大家在中学就学过的单词,它的意思是"舒心""愉快"。其实你不妨试着培养一个习惯,每当你遇到上文所描述的那些情况时,就在脑海里想象一下"comfortable"的场景。雨后怡人的蓝天、可爱孩童的脸庞、曾去过的海滩、回忆中的电影场景……一番想象之后,你就不会觉得眼前的人在故意捣乱了。

我把电影制作当作自己毕生的事业,并且十分崇敬电影导演小津安二郎。据说,有一次他准备登上一艘舰船参观时,用明亮而又干涩的嗓音说了这么一句话。

"我迟一点儿再上。"

据说周围的人都感到十分惊讶地看着他。他心中究竟是浮现了一种怎样的"comfortable"场景呢?我眼前浮现出的是大家"争先恐后"登船的不愉快气氛得到缓和的场景。小津导演的人格魅力正如他的电影一样。

"您先请""谢谢",这些话中充满了力量。它们明亮、轻快,虽然小津导演的嗓音干哑,但话语却充满力量。

方法 15 | 让等待的时间成为"自己的时间",就不会感到烦躁

一 "等人"和"让人等"都是引发愤怒的火种

最近,我在等待与人见面时已经不会感到紧张了。这也许是得益于手机的普及。我年轻的时候,如果约见的对象没有按时出现,我就会不由自主地感到焦虑不安,怀疑自己"是不是记错时间了""是不是弄错见面地点了"……我会急得走来走去,一遍又一遍地看手表,在见到对方之前,一直处于焦躁不安之中。

而当我赴约时,如果知道有可能要晚到很久,又

没法联系上对方时，就算坐在电车上，我也会焦急到恨不得冲出车去。

在智能手机盛行的今天，很多人对于赴约迟到这件事看淡了很多，就算会迟一些，打个电话联系一下就行了。

我不知道是不是因为手机的普及带来了这种趋势，有些令人厌烦的人，不论是在工作场合还是平时游玩，都养成了让别人等等也无所谓的坏习惯。约会迟到 10 分钟、20 分钟是再正常不过的事情，即使终于到了，也只有短短的一句"到了啊"就完事儿了。

并且，最气人的是，当我们想着反正这个人是个"迟到习惯户"，这次我也晚点儿出门的时候，他又偏偏按时来了。看到你出现，他一边抬手看着手表，一边给你来了一句："我已经等了你 10 分钟了。"遇到这种情况，你的怒火应该还是会止不住地往上冲吧。

一 等待算浪费时间吗

我在和人约定见面时,都会提早去到见面地点,一边看书一边等待。这样一来,等待的时间就没有那么痛苦了。

如果那本书本身又很有趣,让人很想继续读下去,我会觉得看书等待的这段时间过得比无聊的(恕我失礼)会面充实多了,甚至还会觉得他人要是再迟到一会儿就更好了。等待不是在浪费时间。

因此,等待不会令我心中涌起怒气。我可能反而会因为对方不晚点儿来而生气,要是他来得晚一些我就可以再往后多看几页了。不论如何,焦躁不安地坐在那儿一遍又一遍地看手表,才是真正的浪费时间。当然,你也不一定非要看书,确认一下工作文件,给朋友发发邮件,或者在网上查查自己感兴趣的内容……巧妙利用这段时间的方法不计其数。

事情怎么样，全看你怎么看待。你不妨将等待的时间视为可以一个人独处的宝贵时光。即使只有5分钟或10分钟，那也是完全属于你自己的时间，可以自由支配。你可以这么去想：那些约会迟到的人是给我们赠送时间礼物的人。如果把这么难得的事情变成愤怒，那真的是又可惜又愚蠢了。

例如，无论是国内还是国外出差，我都非常珍惜这些外出移动的时间。我相信，忙碌而工作能力突出的商务人士，都是善于利用等待时间的高手。

▬ 因等待产生"人情借贷"

话虽如此，但让人等待这件事情本身绝不值得褒奖。即使是那些让别人等惯了的人，内心某个地方多多少少也一定会有"糟了""我又搞砸了"的感受。或许正是因为这个原因，他们才表面上假装镇定。不论

第3章
对"扶不起的阿斗"恼火时的应对方法

是什么样的人,让别人等待总会对对方感到愧疚。反过来说,等待会使你比对方更有优势。

成功的商务人士几乎无一例外地赴约从不迟到,他们总是尽量早点儿到达见面地点等待。对于他们来说,等待或许也是一种策略。在人际交往中,等待是一种"贷",而让别人等是一种"借"。因此,对方赴约迟到时,与其把你的怒气撒到对方身上,不如收起那个不愉快的表情,微笑着说"没事",以显示你的大度。

我日常总是尽量做到提早赴约,这也是对自我等待能力的一种训练。在等待对方的过程中,可以尝试多种方法,看看如何才能让自己不那么焦躁。

通过把"等待的时间"变成"自己的时光",连急性子的我都变得更有耐心了。

佐佐木小次郎[①]在决斗时因为耐不住性子而焦躁不安，最终被宫本武藏[②]打败。我们可不能让自己成为佐佐木小次郎那样的人。

[①] 佐佐木小次郎：日本战国后期的著名剑术家，曾与宫本武藏于小仓岛（今下关市岩流岛）对决。——译者注
[②] 宫本武藏：日本战国后期的著名剑术家、兵法家，被后世尊为"剑圣"。——译者注

04

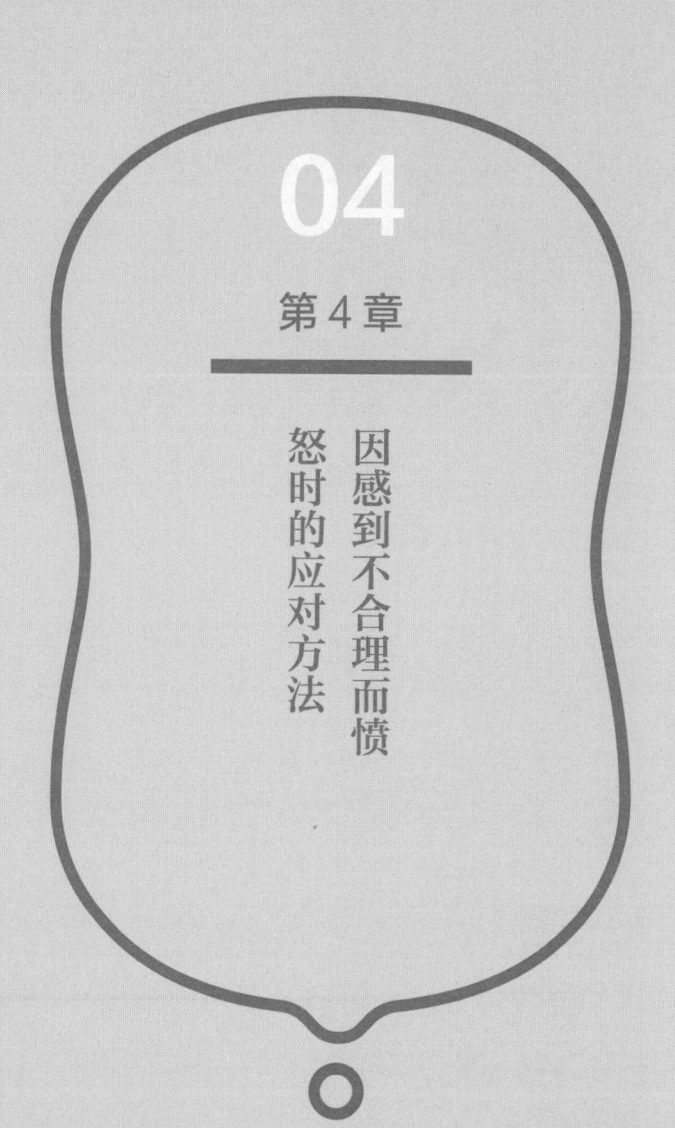

第 4 章

因感到不合理而愤怒时的应对方法

第 4 章
因感到不合理而愤怒时的应对方法

方法 16 | 挺直胸背能抑制愤怒

━ 作为下属被迫忍耐所带来的愤怒

在很多情况下，愤怒可能是一瞬间涌上心头的。尤其是在工作场合，你必须谨慎地处理愤怒。在面对客户或上司等无法顶嘴反驳的场景时，即使你认为他们提出的要求毫无道理，也不得不默默忍耐。

这样的境遇会让你感到非常难受。在你的心中，怒火已经在熊熊燃烧。但是，如果你当场爆发，说不定就会丢掉工作。

以我的亲身经历来说，我知道在大学附属医院工作的医生很不容易。大学附属医院完全是一个自上而下的、纵向管理的组织,以诊疗部为单位进行运作。教授可谓"上司",而年轻医生则是"下属"。因此,在有些情况下,即使教授在某些时候做出了错误的论断,作为"下属"的年轻医生也很难违抗。

即使感到愤怒,也只能把怒气吞到肚子里。虽然这听起来让人匪夷所思,但这是保证自己在诊疗部制度下工作顺利的诀窍。在大学里,教授对你的评价拥有绝对的发言权。即使是令你生一肚子气的教授,也可能会给你介绍工作,所以这是一种相互依存、互助互利的关系。这种关系却让我觉得内心十分不舒畅,所以我实在做不来这份工作。

━ 避开无理指责的 3 个诀窍

大家应该也经常能感受到这种愤怒吧?

第 4 章
因感到不合理而愤怒时的应对方法

例如,一个怎么看工作能力都不行的上司可能会把你叫去,然后给你下达一个非常难理解的任务。在这种情况下,你应该怎样做才能抑制住自己的愤怒,并且度过那段不愉快的时光呢?

"开什么国际玩笑啊!"

如果能对他这样大吼一句,那该有多爽快啊!即使你怀有这样的想法,可一旦你们之间的关系闹僵,今后就很难顺利开展工作,而且你又做不到递交一封辞职信走人。作为下属,你必须遵守相应的礼节。

遇到这种情况,你首先要做的事情是端正自己的姿势。不要弯腰驼背,要挺直腰板。垂头丧气是万万不行的,因为那是失败者的姿势。

接下来,我们要调节血流。怒气爆发时,血流会涌向头部,因此我们要下意识地想象一下血流向下流动的场景。想象血液通过颈部向下流动，经过胸部，一直下行至腹部。让血液聚集在肚脐下方丹田的位置，将注意力集中在下腹部，并收腹用力。

在此基础上，我们还要有意识地调整自己的呼吸。尽可能地进行缓慢而舒畅的呼吸。当人们生气时，呼吸会变得又急又浅。浅急呼吸是人们感到愤怒、恐惧和不安时会出现的症状。缓慢的呼吸能够激活自律神经系统中的副交感神经，并使其处于优势，而副交感神经能够产生放松的效果，能很快为我们带来平静、舒缓的心情。

▬ 拳拳打空的上司因"打累"而宣告失败

在完成上述调整之后，你就要尝试转移自己的注意力。不要把注意力放在自己正在被讨厌的上司训话的场景上，而要想想别的事情。你可以想想自己可爱

第 4 章
因感到不合理而愤怒时的应对方法

的孩子,想想你最喜欢的电视剧接下来会有怎样的剧情,也可以想想你最喜欢的菜肴或美酒。以这样的方式去听上司的训话,而表面上则要展现出正在乖乖反省的样子。一个训斥别人的人,当他眼前站着一个腰背直挺、腹部有力的人时,也会感受到威力。这是一种无言的威慑。

生气的人是上司,被训的人是你。

虽然从立场上看应该是这样的,但通过让上司感到威慑,你也可以在思想斗争中实现局势的扭转。上司的内心里会充满不安,而你会真正开始占据上风。

当你开始占据上风后,上司训斥的力度将会越来越弱。上司不停地挥舞着空拳,你只需让他尽力打,他自己会耗尽体力。往常他可能要训上半个小时,而一旦你占了上风,训斥可能 10 分钟左右就结束了。

于是,比赛结束的铃声响起。

"对不起！我今后一定注意！"

你深深地鞠了个躬，用洪亮的声音说完上面这句话，接着回去继续工作即可。这时，你就完全是一个胜利者了。

方法 17 | 对于不讲道理乱发脾气的上司,想"此人永无出头之日"就行

■ 把自己的完美主义、最高标准强加给周围的人

"闭嘴!我说不行就是不行!"

不论遇到什么事情都完全不听他人解释,直接全盘否定他人,遇到这样的情况,每个人都会生气。

"那个人简直不可理喻!我真想一脚把他踢飞!"

不论是在工作中，还是在日常生活中，当有人以上文这样强势的言辞对你说话时，你一定会感到火冒三丈。即使是对控制情绪非常有信心的我，额头也会忍不住皱起来。不肯倾听他人意见，断然拒绝他人请求，全盘否定他人主张的人，是"应该这样做"的意识极其强烈的人。这样的思维方式被称为"应该思维"。

例如，有些人无法忍受凌乱的办公桌。

"你为什么就不能收拾一下桌子？"

看到别人凌乱的办公桌，他们会不分青红皂白地加以指责。他们认为桌子就应该是干干净净、整整齐齐的，乱七八糟会让周围的人感到不快。并且，他们对这样的想法深信不疑。

但对于那个被指责的人来说，尽管有些凌乱，但只要不影响自己的工作，或许就是无须介意的，可自己却被人毫不留情地横加指责，实在是让人生气。

并且，令人厌烦的是，这种动不动就对别人横加指责的人往往都坚信"我才是正确的，就是对方的错"，并对于自己的这种执念毫不动摇。具有强烈"应该思维"的人往往倾向于认为"必须做到完美无瑕""必须竭尽全力"。

— 没有绝对正确的答案

以我来说，我属于与这种"应该思维"比较无缘的类型。例如，我在从事写作相关的工作时就是如此。即使赶不上截稿日期，我也会倾向于认为："嗯，反正也在能够接受的范围内，就这样吧。"（各位编辑，实在不好意思）

在具有"应该思维"的人看来，也许会觉得我

"是一个非常天真的人""真是一个粗糙草率的人",或者"真是一个随心所欲、靠不住的人"。

但是,且不说截稿日期,我并不认为"剩下的就交给读者吧"是一种不负责或错误的想法,因为原本就不存在绝对正确的答案。

▬ "希望思维"令人舒心愉悦

抱有"应该思维"的人,不可能给周围人带来愉悦的气氛。他们只会带来"不快",这点毋庸置疑。

因此,他们也不可能从上司那里得到如自己所期待那般高的评价。虽然出人头地并不是人生的全部,但抱有令人不快的"应该思维"的人,应该不会爬得太高。你周围也有这样的人吧?

"原来他就是这类人!"

认识到这一点就够了。自己把那个不分青红皂白指责别人的人认定为这类人就够了，不需要对此生气，这反而更类似一种愚蠢的行为。并且，假设你真的把怒气发泄到他身上，不论施以怎样的愤怒，都会反弹回你身上。

"应该思维"的对立面是"希望思维"。

这种思维方式倾向于认为，"要是能做到完美无瑕就好了""真想竭尽全力去做好它""要是能成功那是最好的""但是，可能也成功不了"……

在这样的思维模式下，不论做什么事情，都不会感受到任何不必要的压力。即使没有达成预期的结果，也不会过度自责或发怒。当然，这样的你也就不会让周围的人或自己的家人感到不快。这是一种令人舒心愉悦的思维方式。

方法 18 | 对他人的失败感到恼火时就这样想

一 短短一句话就能引发愤怒

"你看你总是忘记向我汇报!"

你每次教训自己的部下,是不是也是从这句话开始的呢?

作为你的下属,明明他昨天、前天都认真地向你汇报了,但偏被你说"总是",于是怒气忍不住就涌上心头了。如果你是这样一位上司,那你的发怒方式实在是有些轻率。

"你看你总是赶不上截止的时间!"

第 4 章
因感到不合理而愤怒时的应对方法

当部下又一次没能在你要求的时间内完成工作时,你是不是又会说这样的话呢?短短一句话就能让人火冒三丈。

如果作为上司的你要求部下"后天下午3点前做完",他也确实答应了你,那么作为要求方的你看到他没能按时完成,忍不住想发火,这也是合情合理的。但在下属看来,这个出乎意料的"总是"却是难以接受的,他也会忍不住怒从心起。被你扣上"总是"帽子的下属可能会气愤地反驳你:"不是总是!只是今天!"这就是以怒报怒。

━ 奉行"加分主义",愤怒便会消退

上述事例中,问题出在发怒的上司身上。

当身为上司的你遇到这样的情况时,可以了解下

前美国职棒大联盟选手铃木一朗①。虽然你看完后可能会觉得很惊讶,但他的例子能够给我们的思维方式带来很大的启示。一朗选手被誉为棒球界的天才,但即便在他的鼎盛时期,他的打击率也没有达到40%。在棒球界,打击率达到30%的选手就已经可以被称为一流击球手了。在日本职业棒球界,也从未出现过平均打击率达到40%的击球手。换句话说,10次站在击球员的位置上,即使失败了7次,仍然是一流击球手。

比起下属的7次失败,上司更应该关注的是他的3次成功。换句话说,就是停止"扣分主义"。你不觉得这么看待问题之后,愤怒也就慢慢消退了吗?

有个术语叫作"少欲知足",意思是"减少自己的

---

① 铃木一朗:日本职业棒球运动员。曾效力于日本职棒太平洋联盟的欧力士蓝浪队,创造了太平洋联盟历史上最高打击率、连续7年太平洋联盟打击王等纪录。后效力于美国职业棒球大联盟,连续10年创造了单季200支以上安打的大联盟纪录。——译者注

第 4 章
因感到不合理而愤怒时的应对方法

欲望,才能懂得知足"。虽然我可以理解你希望下属能够变得更能干的心情,但奉行"扣分主义"是行不通的。这一说法,就成了一种"欲"。用一点点、慢慢进步的心态去看待部下,对你来说更加有利。

当然,更加重要的是"知足"的部分。

上司应该知道下属做得好的部分,更多地去关注下属做得好的地方,以及他努力去做好的地方,这就是"加分主义"。

也许你会觉得"这我可做不到",但请想想,其实没有哪个下属会真的期待失败、乐于失败。

"为什么客户没接受我的策划提案呢?""是不是因为我说了一句不该说的'有一定风险'呢?""我是不是对这个有经验的客户说了太多过于肤浅的东西呢?"……部下自己也会探寻失败的原因,他们自己就已经陷入"扣分主义"之中了。

这时,作为上司的你再用"扣分主义"对他们穷追猛赶，把怒气发泄在他们身上，根本起不到正面效果。一朗选手也反复提及："如果我把心思放在纠结那些没打好的球上，那么我就没法继续打了。"当他站在击球区时，应该是在不断回想那些成功击球的画面，才取得了如此佳绩的吧。

▬ 尝试寻找加分素材

如果你是一个孩子的家长，在与孩子的交往互动中请你也试着采用"加分主义"原则。"加分主义"会带来积极的作用，而"扣分主义"则会催生不满和愤怒。抑制愤怒的"加分主义"可以让人际关系变得更加协调，不论是在工作上、家庭中，还是邻里关系中，都可以多加利用。

对于我个人来说，不论是以医生的身份和自己的病人打交道，还是在我工作的研究生院或我开办

第 4 章
因感到不合理而愤怒时的应对方法

的补习班上和学生们打交道,我都时刻提醒自己留意"加分主义"。"今天比上次脸色好多了呢!""论文的主旨写得很清晰呢!""你的物理成绩提高了一大截呢!"……只要稍稍动点脑筋,就能为"加分主义"找到无尽的素材。我的一位做青少年足球裁判的朋友说过这样一句话:"你要问我什么时候最开心,那就是当孩子们完美配合成功射门时给他们吹哨加分的时候。罚黄牌或红牌时吹的哨我就比较讨厌了。"

你不觉得他这段话讲得很好吗?

方法 19 | 理解不了的事情就让它"过去"吧

一 每个人都曾年轻过

"现在的年轻人真是……"

你属于这种会对不同年代的人怒言相向的人吗?

不论在哪个年代,这句话都会被上了一定年纪的人挂在嘴上。据说,古埃及遗址的墙壁上也刻着一句类似的话。

我现在已经50多岁了,但每当我看到一个30多岁的人对一个20来岁的人怒气冲冲,说什么"你们这帮年轻人……""我像你这么大的时候……",都会觉得不是滋味。从我的角度去看,30多岁的他们一样是"现在这帮年轻人"。我在70多岁的人眼里也是"现在这帮年轻人"。

在我年轻的时候,电脑还是一种非常稀罕的东西,我根本想象不到我们能通过网络与全世界相连,也想象不到会出现智能手机、平板电脑,乘坐电车的时候只需用卡轻轻一碰就能通过闸机了。

时代的变化就是如此剧烈。身处这样的巨变之中,我们不能永远依赖陈旧的价值观。

━ 因为不理解而愤怒

虽然我自己不属于那种会对年轻人发火的类型,但也能够理解他们的感受。当我听到最近的年轻人流行用语,例如"先回家回血""乌龙茶男子(留着长发的男性）""快 cue 我（快叫我）""超爱"等，都会忍不住觉得"真是跟不上他们了"。但另一方面，我也觉得这些年轻人的用语挺有意思。

听到年轻人的措辞会感到生气的人，往往具有以下几个特征。

- 对自己不理解的事情感到愤怒
- 对自己不喜欢的事物感到愤怒
- 对代际（不论是比他们年轻的还是年长的）感到愤怒
- 对整个集体属性（性别、职业、地位、国籍）的人感到愤怒

于我而言，如果不是有什么特别的需要，我是不会用"男""女""××人""××大学的学生""××省人""××信徒"等词去框定人的属性，然后笼统地、眉毛胡子一把抓地去谈论某件事情的。因为这样的框定几乎毫无意义。我要谈论与某人相关的事情时，

第 4 章
因感到不合理而愤怒时的应对方法

会尽可能地把他作为一个独立的个体去谈论。之所以采取这样的做法，是因为当我被冠以"医生要……""大学教授要……""东大毕业生要……""电影导演要……""写书的人要……"等措辞时，我也不知道应该如何应对才好。即使这些冠名是在赞美我的时候使用的，我也不知如何是好，更别说要是这些词后跟着的是一些批评的话语，那我肯定马上就会想："喂喂喂！你可别胡乱归类总结啊！"这对于每个人来说，应该都是一样的吧。

"现在的年轻人"也是同样的道理。被点名的"年轻人"自然会感到气愤。对"不理解的事情""不喜欢的事物"感到愤怒，这本身就很奇怪。如果是"对自己不赞成的事情感到愤怒"，那倒还可以理解。

一 保留判断而不发怒

对年轻人的流行用语感到愤怒,属于"对自己不理解的事情感到愤怒"。这样的态度放到任何事情上,都无助于自身拓展知识及提高技能。那么,怎样才能避免出现这种情况呢?

首先,面对自己不理解的事物时应该保留判断,也就是让它"过去"。这不是说要你"事不关己高高挂起",而是要明白,你之所以会感到愤怒,就是因为你硬要和它纠缠不休。你就把年轻人的用语当成鸟啭蝉鸣,不也挺好吗?

是非的标准会随着时代的变化而改变,它不是一成不变的。

时代的潮流滚滚向前。

如果你一味地固守过去,对时代的洪流嗤之以鼻,那么总有一天你会被时代所抛弃。保持向年轻人学习的态度，我们就能享受这个剧变的时代。

"港真（讲真），今天心真累。"①

与其生气，不如你也试着用一用这些年轻人用语，就当是娱乐娱乐，如何？

---

① 原文为年轻人用语「今日はションドイナア」（＝正直、しんどい）「正直」意为"说实话，坦率地说"，「しんどい」意为"辛苦，劳累"，全句为"今天真的很累"之意。——译者注

方法 20 | "一杯茶"对固执的愤怒者效果显著

■ 虽然我可以原谅那只无视规定的猫，但是……

前些天，我在聚会上认识了一个朋友，他给我讲了一个故事，虽然故事有点儿长，但我还是想给大家分享一下。

那个朋友经常光顾一家日料餐厅，这家餐厅位于日本东京都内一条著名的商业街上。餐厅的老板 M 先生遇到了一个麻烦的问题，是关于一个女性的问题，她每天早晨都会给出现在餐厅附近的流浪猫喂食，周

第 4 章
因感到不合理而愤怒时的应对方法

围的人都叫她"猫婆婆"。

请想象一下繁华商业街清晨时的景象。你眼前应该已经浮现出了乌鸦和流浪猫在厨余垃圾中四处翻找,把垃圾散落得到处都是的情景了吧。超市或老牌店铺每天都会处理大量的垃圾,乌鸦和流浪猫就是冲着这些垃圾来的。它们争先恐后地抓破垃圾袋,啄食袋里的残羹,把垃圾袋翻个底朝天,填饱肚子后就迅速离开,只留下一地散乱的垃圾。据说我这个朋友曾多次目睹这样的场景,感到非常地恼火。

随着庶民商业区热潮的兴起,这条商业街也声名鹊起。之后,在居民自治协会的支持下,终于让这种情况得到了治理,乌鸦和流浪猫翻弄垃圾袋的景象终于消失了。然而,不久之后,"猫婆婆"出现了。这激怒了商业街的人们。

一 活在"没人理解"的世界中的人

这是一位给四处徘徊寻找食物的流浪猫分发食物的老太太。M先生第一次遇到她,是在有一天提前回家,偶然从河岸边走过的时候。他第一次遇到这个情况时也没多想,觉得"偶尔一次就算了吧"。但当他发现这是每天早晨都会出现的情况后,就想着应该稍微给她一个警告了。

"猫婆婆"每天早晨7点准时出现。她单手提着一个装满吐司外圈的袋子朝目的地走去,流浪猫也会在这个时间从四处聚集而来。

喂猫的地点位于M先生店铺旁边的超市门口。当M先生温和地提醒她注意喂猫的行为时,"猫婆婆"不服气地说道:"喂不喂食是我的自由。"

遇到这样的情况,你会如何应对呢?

M先生的应对方式非常高明。当然,他并没有用

第 4 章
因感到不合理而愤怒时的应对方法

什么特别的手段,但却成功了。

"我只是沏了一杯热茶,端到她面前。"

据说 M 先生只做了这么一件事,但这确确实实就能安抚心灵,让人敞开心扉。换句话说,就是卸下内心的"武装",坦诚相对。朋友给我讲的这个故事让我心生敬佩。

作为一名精神科医生,我的工作也是从倾听病人的心声开始的。医生和病人需要单独会面,而这对于一个初次见面的人来说,不可能完全不紧张。所以,第一件事就是喝点儿东西。一个简单的举动,就能让心情得到放松。想要让别人对你敞开心扉,并不需要靠一台昂贵的医疗设备,机器设备并不能打开人们的心扉。

很多人可能都有过和"猫婆婆"类似的经历吧?

一个在众人面前不分青红皂白对你犯的错误大声斥责的上司,和一个邀请你到咖啡店,一边喝着温暖的红茶一边给你详细分析错误原因的上司,你会更愿意跟随哪个上司工作呢?

━"喝点儿东西"打开心扉

假设你是一位孩子的母亲,你训斥了孩子后,孩子突然夺门而出,直到夜深了还不肯回家。

面对这样的情况,你是否依然固执地认为:"我说什么都没有用,反正这孩子永远都不会理解我的良苦用心。"

我十分理解你的感受。但是,越是在这种时候,你越需要冷静。静下心来先喝点儿东西吧!茶也行,咖啡也好,如果家里有的话,我觉得具有稳定情绪功效的花茶更好。先静下心来喝点儿东西,你一定能够

第 4 章
因感到不合理而愤怒时的应对方法

找到解决问题的突破口。

M 先生沏的茶,成了打开"猫婆婆"心扉的一把钥匙。暖茶舒缓了老太太的心情,她应该第一次感觉到自己终于找到了同伴吧。

据说,富有爱心的 M 先生此后也成了"猫婆婆"的朋友,"猫婆婆"遇到事情也会找 M 先生商量,他们之后与隔壁的超市商讨了喂猫的事情,最终超市决定在停车场划定一块专门的位置,提供给"猫婆婆"喂猫。这意味着 M 先生真的站到了"猫婆婆"一边,成了她的同伴。

面对一个惹怒你的人,还之以愤怒和敌意是很容易的。但是,让他成为你的盟友并努力让他理解你的愤怒,难道不是更加明智的做法吗?

05

第 5 章

对亲近的人感到愤怒时的应对方法

第 5 章
对亲近的人感到愤怒时的应对方法

方法 21 | 说善意的谎言也没关系，反正先说句"谢谢"

― 因为"谁来做"而引发愤怒时

"为什么这些事都得女性来做？这不公平！"

这样的呼声并不稀奇，说不定就在此时此刻，地球上的某个家里正在传出这样的呼声。双职工的家庭自不待言，就算是家庭主妇，也会因为强压给女性的各种繁重负担而感到愤愤不平吧。

对此，有人提出"明确分工可以有效解决问题"。我有个朋友，妻子是美国人，他家的角色分工非常细致清晰。据说，当我的朋友出于好心想要帮忙把属于妻子的分工做了时，竟然被对方责骂"侵犯了我的领域"。分工明确到这个程度的话，我觉得真的难以苟同。

例如，房屋的打扫问题。浴室归我，客厅归你；日式房间归我，西式厨房归你；扔垃圾归我，洗碗归你……确实，这样的分工或许真的能够行得通，但分工的真正目的以及最为关键之处，在于通过分工承担起自己的责任，由此来为与你共同生活的伴侣减轻负担。过于程式化的角色分担，与其说是一种相互感恩的表现，不如说是一种相互强加的义务。

这样的夫妻任务分配，很容易成为纷争的火种。它会催生出厌恶，继而是愤怒，接着甩下"我受够了！"这句话。最糟糕的情况可能会导致离婚。

第 5 章
对亲近的人感到愤怒时的应对方法

■ 一句"谢谢"就能带来情绪上的缓和

有小孩子的双职工家庭,争吵的素材还会更多。育儿所带来的压力,除了那个直接接触孩子的人,其他人都很难理解。要在工作的同时养育孩子,会给身体和心理都带来巨大的压力。正因如此,育儿才会催生出各种各样的问题。突然生病、需要参加幼儿园或学校的活动、考试等自不用说,敏感的孩子容易有更多的烦恼,他们的人际交往等方面也可能存在问题。在这种情况下,想要划定明确的角色分工几乎不可能。

在养育孩子的过程中,你永远不知道何时何地会发生何种事情。假设上幼儿园的孩子突然发高烧,但夫妻俩又都有工作,那么就必须彼此联系共同处理这种情况。如果其中一方实在无法抽身应对,那么另一方自然要去接手。不过,从概率上讲,大多数都是妻子出面处理,所以妻子也往往会因此在工作中受到歧视，她心中有怒气也是很正常的。

话虽如此，但妻子因此就对丈夫恶言相向、步步紧逼是一种正确的做法吗？在堆积如山的工作面前，尽力寻求丈夫的协作并没有问题。我能理解妻子的心情，但因此向丈夫抱怨也只能带来争吵。如果夫妻之间在感情上出现问题，那么原本能够顺利解决的事情也会变得寸步难行。

━ 只有自己在拼命努力

遇到这样的情况，最关键的是先说一句"谢谢"。极端地说，甚至这句谢谢是善意的谎言也没关系。在冲突发生之前抢占先机，是通往胜利的捷径。"真是谢谢你啊！我现在真是忙到不行，实在抽不出手，辛苦你去学校接一下孩子啊！"在句子的开头先插入一句感谢丈夫的话，那么即使他内心百般不愿意，也不会引

第 5 章
对亲近的人感到愤怒时的应对方法

发厌恶的情绪,从而自然而然地去帮忙。

"谢谢"二字有一股神奇的力量,它能让愤怒烟消云散。

20世纪70年代,我还是个孩子的时候,大多数家庭奉行的都是《海螺小姐》中矶野家"男人外出挣钱,女人持家守护"的生活模式,家庭角色的分工简单明晰。在我的记忆中,我的父亲确实会帮忙搬一些重物,但我的脑海中完全没有他手拿抹布擦地板的印象。放到现在这个时代,这种事情恐怕是要挨骂的。

近年来,夫妻双方都工作的情况越来越普遍,在明确划定角色分工之前,"设身处地为对方着想"应该是最为关键之处,若无这种认识,往往就会要求对方优先考虑自己,出现"我都那么努力了你还不理解我"的认知倾向。但是,在你发出这样的感叹之前,请试着先为对方想一想:"他都已经为我做那么多了。"这个主意是不是很好?

方法22 | 触动人心的最强武器是"笑脸"

一 女性渴望倾听,男性不想倾听

假设你的妻子今天在外面遇到一些不顺心的事情,心烦意乱地回到家,这时,她应该很想找人倾诉自己的心事。看到丈夫终于回到家,"唉!你听我说……",她准备开始讲述自己的遭遇。假设丈夫这时候回了一句:"先别说那么多,赶紧给我做饭!"

这时,妻子的心里肯定会充满对丈夫的不满之情吧。多种调查结果显示,妻子对丈夫的不满明显集中于"他不好好听我说话"和"他察觉不出我的情绪变

第 5 章
对亲近的人感到愤怒时的应对方法

化"。我自己也经常听到女性这样抱怨。当妻子提出一个话题时，丈夫总是一边看着报纸，或一边喝着啤酒，心不在焉地随口回应。

"你到底能不能好好听我说话！"

这种气不打一处来的心情我非常能够理解，其实你只需要他安静地听你说一说。但当你提出这么一个小小的要求时，你的丈夫马上就开始给你摆一些生硬的理论，就像在说教一般滔滔不绝地给你讲道理。在他的这番操作下，你非但没有冷静下来，而且还把愤怒的箭头转向了他。

就像身体的结构存在差异一样，男性和女性在内心构造和感受方式上也存在不同。

一 不懂需求的丈夫

在知晓男女之间差异的基础上灵活地掌控它们非常重要。

妻子究竟对丈夫抱有何种期待呢？很多女性应该都知道，其实丈夫只要好好地听她们说话，然后回应一句"是的，确实是你说的这样呢"就行了，她们的怒气就会很快消散。然而，丈夫却不懂这个简单的道理。他们会开始剖析激怒妻子的这件事情，并摆出各种应对方法。他们觉得自己就像一个优秀的心理咨询师，必须给出一个方案来帮助对方处理愤怒（实际上真正优秀的咨询师会认真倾听对方的话）。

"今天啊，我被一个朋友说：'你看上去老了很多呢，而且变得也太胖了吧'……"

第 5 章
对亲近的人感到愤怒时的应对方法

假设妻子突然开口说了这么一件事。

"你是不是之前说了什么得罪她的话了?"

丈夫马上就开始追踪起原因来:"不论什么事情,都一定会有原因。这就是所谓的因果法则。你不弄清楚原因的话,问题可是没办法解决的。"

作为丈夫的你也许会这样回应妻子。但面对这样的回应,妻子的怒火只会越来越旺。现在,你应该知道要怎么做了吧? 回应一句"这样啊,真是有点过分啊!"就已经够了。

▬ 满足丈夫的自尊心

"男女之间,有一条深不见底的河流。"这是已故歌手野坂昭如①唱的《黑舟之歌》中的一句歌词。有没有什么办法可以填补一下这条隔阂，照亮这条河流呢？男性的自尊心很强，但很容易满足。所以，就充分利用这一点吧。非常简单，一点赞美就能奏效，而且只用嘴上说说就行了。

"你真的是个很棒的倾听者，我有点事情想要跟你讲，你能听我说一说吗？"

在进入正题之前，可以使用这样的话术先做铺垫。此外，笑脸也是必不可少的。微笑着说你的话吧。笑脸有时会成为你最有力的武器。经过这样的铺垫后，丈夫会折起手中的报纸，转过身来面对妻子。

---

① 野坂昭如（1930—2015年），日本著名作家、剧作家、作词家、歌手。——译者注

第5章
对亲近的人感到愤怒时的应对方法

"只要跟你说一说,我就会觉得轻松很多。你什么都不用说,坐在这听我说一说就行。"

如果再加上这么一句开场白,那就更完美了。接着,你就可以把自己的所思所想说出来让他听了。

"谢谢你听我说话,我真的很开心。心情真的轻松了不少呢!"

不断重复这个过程,慢慢地你就会发现,你的丈夫真的能够认真地倾听你的想法了。并且,我可以向你保证,他那种听完后一来给你分析原因,二来给你寻找应对方法的现象也会慢慢消失。

你在生气,并且你想让丈夫察觉到你在生气,我非常理解这种心情。然而,向一个感知力弱的人要求快速察觉你的情绪是毫无意义的。但你可以改变自己的思维，就看你怎么想。

有一种观点认为，"只要能够提得出问题，解决方案就已经出来了。"自己的心事得到倾听，实际上就相当于提出了问题。通过丈夫的倾听，你便可与愤怒和解，并且自己找到解决问题的办法。

学会满足丈夫的自尊心很有必要，这不仅是在你希望得到倾听的时候。不妨尝试对丈夫说："我今天工作好累啊，拜托，今天的饭你来做吧。拜托了哦！"不要再说"你一点都不理解我"，把它换成"拜托了"。它能将各类愤怒的种子遏止在萌芽阶段。

第 5 章
对亲近的人感到愤怒时的应对方法

方法 23 | 对于难伺候的对手,"拉"比"推"更有效

■ 可能引发"全面战争"的愤怒

最近的力量关系对比或许已经发生了很大变化,但以前有个词叫作"媳妇欺凌"①,正如该词所示,嫁到夫家来的媳妇,通常都只能选择忍气吞声。即使到了今天,如果遇到一个难相处的婆婆,只能一味地压抑怒火而无法进行反抗的媳妇应该也不在少数吧。

---

① 日语原词为「嫁いびり」,指家里的婆婆、大伯子、小叔子、大姑子、小姑子等刁难、欺负嫁到家里来的媳妇的现象。——译者注

"你连高汤要怎么熬都不知道吗？"

"怎么还没去烧洗澡水？"

"马上换季该换装了，你是想让我冻死吗？"

假设你的婆婆对你这样大发牢骚，你应该会忍不住生气吧。

但如果你当场一口气把怒火都发泄出来，就有可能引发婆媳之间的"全面战争"。

一 满足她的"优势愿望"

即使出现了上述场景，你也可以采取一些对策来规避愤怒情绪，避免争斗。

我向你保证，情绪是有规律可循的。只要你掌握了这些规律，短短 3 秒内就能控制住自己的愤怒。首先，你需要了解婆婆的"优势愿望"。

第 5 章
对亲近的人感到愤怒时的应对方法

任何一个人，在和身边的人进行比较时，或多或少都抱有这样一种愿望，那就是希望自己比对方更优越。尤其是婆婆面对媳妇的时候，这种倾向更加明显。

- 我更加了解我儿子的一切
- 我更爱我的儿子
- 儿子也认为我更加重要

这就是婆婆"优势愿望"的特征。因此，她才会对入门媳妇不断施压或发起挑战。所以，我们也要站在这样的基础上思考应对策略。

情绪定律的其中一条是：情绪会有反作用，也就是物理学中的"作用与反作用力定律"。如果你使劲儿把球砸向墙壁，它也会以同样的力量反弹回来。同理，你把激烈的情绪发泄到他人身上，对方对此的反抗也会十分强烈。因为他一心想要捍卫住自己的"优势地位"。

这样一来，人们自然而然就会想："我必须得反驳几句"，或者"我要狠狠地回击一下，让他半句反驳的话都说不出来！"

但是，请你稍加考虑3秒。如果你这么做了，"战斗"的钟声就会被敲响。你那"战意"高涨的婆婆，将会给你"重重的一拳"。最开始的那些话，只是为了试探你的"刺拳"，接下来就是强劲的"直拳"了。你这个对手可是一位手法强硬、经验丰富的"拳击赛高手"，一旦交手，你毫无胜算。

为了避免与她交手，你应该怎么做呢？方法就是不要敲响"战斗的钟声"。其实，有一些方便又有用的话语可以让我们避免"战斗"。

━ 聪明人不上"战场"

"原来高汤是这么熬出来的呀，真让我长见识了！"

第 5 章
对亲近的人感到愤怒时的应对方法

"谢谢您提醒我哦,我一不留神忘了去烧了。"

"季节变化真快啊!不愧是妈妈,马上就感受到了。"

上述这些回应的话语,就是所谓的"拉",而不是"推"。有句老话说得好:"推不动就试着拉一拉"。如果你只会用正面攻击法去硬碰硬,那么自始至终都要面临对方的反击,自己的怒火也得不到平息。要学会"圆滑"一点,掌握不与他人硬碰硬的艺术。

最为关键的一点,是不要敲响"战斗的钟声",不要踏上"格斗的擂台"。家人不是格斗比赛的对手,婆媳之间的斗争没有赢家。掌握战场上的"抽身之技"十分重要。抽身退下"战场"并不意味着"战斗"失败,试着在心里默念"放弃比赛",告诉自己是放弃比赛而不是失败,然后接受婆婆所说的话。

"那么,我就按妈妈您说的方法试着做一做哦。"

假设你用这样的回应抽身退下战场,你的婆婆是不是就会陶醉在胜利的喜悦中了呢?从形式上看,她确实胜利了,但或许她之后也会意识到自己的措辞有多幼稚,在背后默默反省呢。

不要以推抗推。被推一把,就往后拉,这就是作为儿媳的智慧。

第 5 章
对亲近的人感到愤怒时的应对方法

方法 24 永远不要对亲近的人使用"绝对"一词

■ 当质疑变成了愤怒

"我们结婚都快 20 年了,但我经常觉得你是不是个外星人!"

有的人生气时,会怒气冲冲地说出这样的话。尤其是丈夫没有遵守妻子提出的要求时,妻子的熊熊怒火会不断地涌上心头。起初或许还能忍受,但若 5 年、10 年如一日仍得不到改善,这种烦躁的情绪就会愈演愈烈。

所谓婚姻，是成长在不同环境下的男女来到同一个屋檐下共同生活的过程，生活规律当然会有差异。因此，生活中会产生冲突，经常都会发出令人诧异的"啊！他到底在干吗？"的疑问也是理所当然的。

从拿起筷子到放下筷子的餐桌礼仪习惯，到脱鞋、脱衣，甚至到洗手间的使用方法，或许都存在不少差异。类似的例子数不胜数。如果每每遇到令你诧异的情况，你都要把这些怒气发泄出来，那么你们的婚姻生活也很难维系下去。因此，最重要的是学会平息愤怒，学会与自己的愤怒情绪和平相处。

"绝对"二字是愤怒的火种

例如，两个人可能会因为某些纪念日的庆祝方式发生争执。很多女性都非常重视结婚纪念日，当然，对生日的重视程度可能也不相上下。结婚纪念日或生

第 5 章
对亲近的人感到愤怒时的应对方法

日当天，要有红酒和蛋糕来庆祝。也许有些女性还会认为，丈夫应该给妻子送一份漂亮的礼物，这是对纪念日"必须抱有的态度"。

然而，许多男性却不认为这件事到了"必须"的程度。

有些男性甚至会忘记结婚纪念日或生日，而在这一天加班工作，或者把客户接待放入了这一天的日程安排里。

有这样一个故事。有个人在接待完客户后，突然想起那天是他和妻子的结婚纪念日，于是在深夜还未打烊的店里买了蛋糕和鲜花。当他回到家里时，已经快到第二天了。据说，妻子看到蛋糕和鲜花，一把举起狠狠地砸到客厅的地板上，然后就进房间睡觉了。丈夫猛然从醉意中清醒过来，一个人孤零零地把弄脏的地板打扫干净。

每个人都有自己觉得"必须"遵守的规则。对于有些人来说，有些规则是绝对不容退让的，但不论在什么样的人际关系中，单方的"绝对"都很容易成为愤怒的火种。

结婚纪念日对于夫妻双方来说的确是非常重要的日子，想要两个人一起来庆祝，这种心情谁都能理解。忘记结婚纪念日，丈夫的确有错。

然而，对于妻子"必不可少的结婚纪念日庆祝活动"，丈夫优先考虑"为维护家庭生计而尽心尽力、努力工作"的立场也是合情合理的。不妨从这样的角度考虑这件事。

━ 有一种积极的"他跟我想得不一样"

每个人的价值观都不尽相同。

最关键的，是不要把自己的价值观视为"绝对"。尤其是在与亲近的人相处时，一定不要轻易说"绝对"

第 5 章
对亲近的人感到愤怒时的应对方法

二字。请事先向自己的内心灌输一个信念："我绝不说'绝对'两个字！"

例如，当人们观看一部热门电影或阅读一本畅销小说时，有些人会觉得很有趣，有些人则会觉得无聊至极。每个人的感受都是自由的，这一点应该得到尊重。面对一个将结婚纪念日忘记了的丈夫，妻子感到孤单，这是完全可以理解的。如果庆祝结婚纪念日对你来说是一个无法妥协的规则，那么你可以提前告诉丈夫："今天早点回家哦"，或者"今天可是个特殊的日子哦"。不过，即便如此，丈夫也可能还是会忘记。

如果出现这样的情况，你只能干脆利落地认为："他跟我想得不一样。"当然，这绝对不意味着放弃，而是尝试去接受这样的差异。一个没有对你"以怒报怒"，一边自我反省一边清扫地板的丈夫，真的是一个可恨的外星人吗？

"我一直在等你回来吃饭呢!"

"忙坏了吧。"

与其发泄怒气,不如试着用这样的话语来传达自己的感受。

无论是夫妻还是恋人,都绝不可能奉行一套完全一致的价值观。如果你能在这样认识的前提下与对方相处,你的包容程度也会变高。展现出你的宽容大度,等到明年结婚纪念日的那天,相信对方一定会捧着一束玫瑰花早早归来。